一切理由都是借口

YI QIE LI YOU DOU SHI JIE KOU

子 墨 著

民主与建设出版社

·北京·

图书在版编目(CIP)数据

　　一切理由都是借口 / 子墨著. -- 北京：民主与建设出版社，2016.8（2024.6 重印）

　　ISBN 978-7-5139-1222-8

　　Ⅰ.①一… Ⅱ.①子… Ⅲ.①人生哲学－青年读物 Ⅳ.①B821-49

　　中国版本图书馆CIP数据核字(2016)第180133号

一切理由都是借口
YIQIE LIYOU DOUSHI JIEKOU

著　　者	子　墨	
责任编辑	刘树民	
装帧设计	李俏丹	
出版发行	民主与建设出版社有限责任公司	
电　　话	（010）59417747　59419778	
社　　址	北京市海淀区西三环中路10号望海楼E座7层	
邮　　编	100142	
印　　刷	永清县晔盛亚胶印有限公司	
版　　次	2016 年 11 月第 1 版	
印　　次	2024 年 6 月第 2 次印刷	
开　　本	880mm×1230mm　　1/32	
印　　张	8.5	
字　　数	180千字	
书　　号	ISBN 978-7-5139-1222-8	
定　　价	58.00 元	

注：如有印、装质量问题，请与出版社联系。

目录 CONTENTS

第一辑 CHAPTER 01
羞辱是块磨刀石

第二辑 CHAPTER 02
触摸天上的星星

第三辑 CHAPTER 03
为明天筑起台阶

第四辑 CHAPTER 04
给生命留点空隙

第五辑 CHAPTER 05
给自己一次机会

第六辑 CHAPTER 06
坚持就是成功

第一章

羞辱是块磨刀石

你错过了多少机会

20世纪70年代初，回祖籍老家，那时爷爷还健在，我在他老屋厅堂的条桌上看见一个半米高的瓷花瓶，看着爱惜，就常抚弄一下。爷爷见状爽快地说：要是喜欢就带走吧，这可是几辈人传下来的，明朝的老瓶。那时我还小，没懂得拿。

80年代初，一天在邮局门口看见一个人在叫卖整版的庚申年"猴"票。我问：咋卖？一整版80枚80元。8分钱的邮票凭啥卖1元一枚，你这是投机倒把啊？我不服气。那人一副懒得理我的模样走开了。

90年代初，我去广西凭祥出差，在边境上看见有卖正宗泰国红鸡翅木的，老板承诺包托运。我问：咋卖？6000元一立方。啊？国内一方樟木只卖1500元，你这是抢劫啊？老板一副懒得理我的模样走开了。

21世纪初，有朋友开始买房，动员到了我这。多少钱1平方米？6500元。啊，买它干吗？你把那钱留着买古董、倒邮票、收藏红木家具都行啊。朋友一副懒得理我的模样走开了。

后来，那个万历青花梅瓶被文物贩子花50元钱从爷爷那儿收走了；那整版的庚申"猴"票现在起价是100万元；红木家具如今没谁再论立方卖，而是跟黄金一样论斤两卖；房子已经涨到了1万多一平方米。

其实生活中还远不止这些，涨涨跌跌的股票、变幻莫测的职位晋升、忽现即逝的商业机会，都给我们人生留下许多值得唏嘘的遗憾。

生活中还有更多我们没注意到的小机缘被错过，致使我们的人生变成如今这般模样：只因一次堵车耽误了约会，就此失去了一次恋爱、甚至是结婚的机会；只因一句戏言，演变成宿怨，就此失去了一位挚友；只因一次醉酒失态，表露了心迹，就此失去了领导的信任；只因……

我们错过人生许多的天赐良机就像是错过门口的公共汽车一样平常，从不知遗憾，也没后悔过。可试想如果一个人每次都能把握住机会，将所有机会掌握在自己手中，就像是有第三只眼看得见天高海深一样，那将会是怎样一种震撼的人生，但人生也许就此失去了更多悬念和乐趣。

也许我们只能庆幸，没有错过唯一的人生，这本身就是上天给我们值得宽慰的赏赐。

跑步的正确姿势

回想起自己三年前初入职场时的情境，总感觉十分羞愧。那时候，我从一所全国一流的大学毕业，回到家乡，想寻找一份满意的工作。

出去求职的那天，我在人才交流市场里只转悠了半圈，便被当地一家颇有实力的酒业集团看中了。那一刻，我欣喜若狂——这可是我家乡的龙头企业啊！我甚至在心里说：看来，是金子自然会发光！

到集团去报到之后，我被安排到集团管理部上班。我想，这应该是整个集团最让人尊敬的部门。

然而，我做梦也没有想到，上班第一天，就给了我实实在在的当头一棒。那天，我走到集团大门口，就被门卫拦住了，理由是没有内部人员的约见不准进入。尽管我百般解释，说自己是新来的员工，可始终被拒之门外，因为我实在拿不出能证明自己身份的有效证件，那一刻，我真后悔自己当初没留下面试人员的任何联系方式。最后，我只好在门口苦等了足足三个小时，直到中午快下班的时候，管理部部长外出办事回来，才顺便把我带进了办公室。

为了方便我的工作和正常出入，部长当天就给我办了工作证。第二天，我佩戴了工作牌，昂首挺胸地走进了集团大门。可我没想到，接下来的事情，一下子掐灭了我过分膨胀的信心。

在办公室里，我们管理部的员工在一起，谈论着集团新近开发了33°低度酒抢占本地市场，我忍不住问了一句："80°的酒主要销往什么地方？"当时，在场的十多个人一下子大笑不止，让我恨不得找一条地缝钻下去，因为中国白酒中根本没有高达80°的产品。那一刻，我才从根本上认识到自己社会知识的浅薄和对自身行业的无知。

这之后，我开始虚心向同事学习，积极主动地开展工作，凡是大家不愿意做的事情，我都主动去做，目的是了解更多的知识。管理部起草各种文件、制定各种考核办法，都成了我的必修课。慢慢熟悉之后，管理部长又把涉及整个集团的发展规划、成本核算体系等重要材料交给我来完成。

去年初，集团要从各个部门抽调一名员工到一线锻炼。我主动请缨，到酿酒车间去做了一名普通工人。当时，管理部的其他人为了留在原地，对我主动要求到一线的举动倒是求之不得，其他好心人对我的举动却表示不理解。然而，通过四个多月的基层实践，让我了解了白酒的生产工艺和酿造技术。

从车间回到管理部不到一个月，集团又要抽调人员到各个省市，就市场营销工作去进行协助和督导，以加快销售进度，拓宽销售网络。一看要到异地他乡，而且任务繁重，大家都开始你推我躲。这一次，我又主动请战，到基层市场去"锻炼"了三个月。通过基层实战，我不仅了解了白酒产品的市场分布，也掌握了消费者的真实需求，以及其他企业推出竞争性产品的策略和思路。

因为谦虚谨慎、低头做人的个人风格，再加上我平时勇挑重担、埋头做事的工作态度，管理部部长对我格外信任，集团领导也对我倍加赏识。去年秋天，集团组织为期三个月的"国内白酒企业巡访"活动，部长特意推荐了我。

考察回来之后，我根据别人的成功做法，结合集团自身的实际，主动向部长汇报，并不失时机地向集团决策者建议，最后由我亲手起草并推出了集团机关效能考核体系、白酒产品质量控制体系、产销成本核算体系、市场网络构建体系等八大体系。通过一个季度的实际运作后，领导们开始对我赞不绝口。因为这一举措，让集团的整体销售收入增长了近一倍，而单件成本却下降了20%，为公司带来直接经济效益近3亿元。

两个月前，集团成功收购了邻县的另一家酒业公司，部长受命去任总经理。我也在同事们的支持和领导的赏识之下，走上了管理部部长的位置。

在前几天的一次机关作风深度恳谈会上，我被大家一致公认为最谦和的部长、最爱学习的部长、办事最踏实的部长……其实，大家不知道，我只是领悟了身在职场的基本姿态——抬头进门、低头做人、埋头做事。

　　面对大家的夸奖和赞赏，我在心里对自己说：其实我的所有成长和进步，只是缘于我的制胜法宝——起跑之前先蹲下，然后一步一步地向前迈进，一点一滴地积聚实力。只有"先蹲下"了，才有机会和时间去学习、去思索，才能积蓄力量腾空一跃，从而释放出巨大的爆发力，才能实现事业和人生的超强跨越。

摩洛哥的独立树

　　摩洛哥西部平原上有一种树叫独立树，全身赤褐色，叶片长而厚实，花洁白美丽呈球状。当地人叫它"蓬尹迪卡萨里尼特"，意思是"善良的母亲"。这种叫法源于独立树的成长不用种子，而是从树根上萌生出小树，在小树渐渐长大的过程中，独立树的花球便会凋谢，随后结出一个椭圆形的奶苞，在苞头的尖端生长出一种像椰条形状的奶管，奶苞成熟后奶管里便会淌出黄褐色的"汁液"滴在小树上，小树靠着大树的汁液作为营养，快速生长，最后根部脱离母体独立成长，母体此时开始凋萎。

　　在同区域内，每一株独立树的繁殖成活率不尽相同，有的独立树下，小幼树长得非常好，有的却不经风雨很快死亡。专家指出，出现这种现象完全是由大树来决定，大树生命力强分泌的汁液多，小树成长得就好，反之，如果大树分泌的汁液少，小树成长得就差。可还有一个现象，凡是成长较好的幼树，大树枝叶一定不茂盛，反之，凡是成长差的幼树，大树枝叶一定很茂盛。

　　人们不禁猜想，是不是有些大树太贪长而忽略了小树，有些大树过度照顾小树把营养都给了它，而自己却长不好呢？研究证实，这种观点是错误的。后来，权威机构给出了独立树成长的正确解读，小树靠大树汁养这是生命的必须，但它的成长还有许多外在条件。大树长得不好，小树长得好，那是因为小树没有了大树的照顾，经风雨、见世面，慢慢适应了环境独立生长；相反，有些大树长得茂盛，它的树叶为小树遮风挡雨，可小树一旦离开大树的保护，不适应环境，很快死亡。

独立树的成长启示着人类：经受风雨，看似对你不公平，可你绝对会更顽强地成长；有人庇佑，看似有利于你的人生，但你在温暖的环境里正慢慢走向衰亡。

羞辱是块磨刀石

人的一生，免不了会遭受大大小小的羞辱。如果面对羞辱？愚者把它当做是对自己的一种打击，往往耿耿于怀，自暴自弃，甚至一蹶不振。智者却把它当作是对自己的一种激励，反省自新，锐意进取，发愤图强。

有一次，戏剧家曹禺邀请他的朋友阿瑟·米勒来家中做客。闲聊中，阿瑟·米勒暗示道：像您这样的老作家，肯定是包围在一片荣耀和吹捧中吧。曹禺笑了笑，从书架上拿来一本装帧讲究的册子，上面裱着的是画家黄永玉给他的信。黄永玉写道："我不喜欢你解放后的戏，一个也不喜欢。你的心不在戏剧里，你失去了伟大的灵通宝玉，你为地位所误，命题不巩固、不缜密，演绎分析也不够透彻，过去数不尽的精妙休止符、节拍、冷热快慢的安排，那一箩筐的隽语都消失了……"信中对曹禺的批评字字严厉，甚至有明显羞辱的味道。阿瑟·米勒非常不解，如此一封使自己难堪的信，为何还精心地裱在精美的册子里呢？曹禺解释道，正是这封信在不断地鞭策着他前进，每当他觉得懒散时，他都要阅读一下，进而激励自己继续向前。

　　果然，曹禺在羞辱的鞭策下，又励精图治，创作了《胆剑篇》《王昭君》等著名戏剧作品。

　　有一个年轻人从部队退伍时，只有高中学历，无一技之长，只好到一家印刷厂担任送货员。一天，他要将一整车四五十捆的书，送到某大学的7楼办公室。当他把两捆书扛到电梯口等候时，一位50多岁的警卫走过来，说："这电梯是给教授、老师搭乘的，其他一人律都不准搭，你必须走楼梯。"年轻人向警卫解释："我是要送一整车的书到7楼办公室。这是你们学校订的书啊！"可是警卫一脸无情地说："不行就是不行，你不是教授，不是老师，不准搭电梯。"他们在电梯口吵了半天，但警卫依然不予放行。年轻人心想：这一整车的书要搬完，至少要来回走7层楼梯20多趟，会累死人的。后来，年轻人无法忍受这无理的刁难，就心一横，把四五十捆书堆放在大厅角落，不顾一切地走人。年轻人向印刷厂老板解释事情原委，获得谅解，但也向老板辞职，而且立刻到书店买了一整套高中教材和参考书，含泪发誓，我一定要奋发图强，考上大学。我绝不再让别人瞧不起。这个年轻人在高考前半年，闭门不出，每天苦读14个小时，因为他知道，他已无退路可走！每当他想偷懒！懈怠时，脑海中就想起"警卫不准他搭电梯"这一被羞辱、歧视的一幕。功夫不负有心人，这位年轻人终于考上某大学医学院。后来，他成一家著名医院的医疗专家。他常对他的孩子说，我非常感谢那个警卫，要不是警卫的无理刁难和歧视，也许我会碌碌无为、平庸度过一生。

羞辱人生之砺。古人说，砺乃锋刃。人也一样，只有经过羞辱、困难和挫折的砥砺，才能磨炼意志，陶冶情操，增长才干，步入成功之门。

别给子孙留下金匕首

　　我友，一日饮醉，对我说："你信不信，我的存款，到我孙子那辈都花不完！"我说："我信。不过，老辈子有句话，叫'儿孙自有儿孙福'，你真的没必要给儿孙留那么多。"他笑了，说："什么叫福？钱多才叫福！我上半辈子穷怕了，我不能让我的儿子、孙子再重复我的穷。我就是要让他们守着一座金山，过像样的日子。"他说的是真心话。我们身边有太多这样的人——但有一分钱，留与子孙花。仿佛我们今天多留一些钱给他们，他们的日子就能增加一些甘甜与色彩。我们没有认真想过，"一座金山"与"像样的日子"之间果真有因果关系吗？

　　林则徐说过一段发人深省的话："子孙若如我，留钱做什么，贤而多财，则损其志；子孙不如我，留钱做什么，愚而多财，益增其过。"这话说得何其透辟又何其超脱！子孙如果像我一样卓异，那么，我就没必要留钱给他，贤能却拥有过多钱财，会消磨他的斗志；子孙如果是平庸之辈，那么，我也没必要留钱给他，愚钝却拥有过多钱财，会增加他的过失。今天，能真正读懂并愿意践行林则徐这段话的又有多少人呢？

我教的学生中有许多富家子弟，他们大都精神萎靡，学习动力欠缺。

我知道，在他们心里有一个声音：父母早为我打下铁的江山了，我必须竭力拿平庸去"报答"父母的一片苦心！

心理学上有一个著名的"不值得定律"——不值得做的事情，就不值得做好。想想看，拥有了一座金山的人，又怎会甘心每天汗流浃背地去沙中淘金呢？而带着"不值得"的心理去学习、去工作的人，所收获到的，也必将是一个"不值得"的人生。

有太多的同胞看不懂那些捐款捐到令人发晕的外国人。当听说"世界第二富"的股神巴菲特要捐出99%的个人财富时，我的一个同事说："那他的后代还不得气疯了？"我想，她一定没听说过那个发生在巴菲特和他小儿子身上的故事：巴菲特的小儿子彼得酷爱音乐，在他搬到密尔沃基市前，开口向父亲借钱（这是彼得唯一一次向父亲借钱），却被拒绝了，巴菲特的理由是"钱会让我们纯洁的父子关系变得复杂"，后来，彼得气愤地去银行贷了款。他说："在还贷的过程中，我学到的远比从父亲那里接受无息贷款多得多。现在想来，父亲的观点对极了。"彼得说，他至死都不会忘掉父亲说过的那句话："有时你给孩子一把金汤匙，没准是把金匕首。"

你若真爱自己的孩子，就不妨在金钱上对他吝啬一些，别用一把"金匕首"伤了他、害了他。既然你把他带到这个世界上来，你就该看重他生命的尊严，把创造的权力还给他，让他流汗、流泪、流血，让他在无人撑伞的雨中奋力奔跑，让他拼死追求那个"最好的自己"，让他用自己亲手打造的"金汤匙"喝到人间至美的羹汤吧……

厚道才是最好的精明

　　台北有位建筑商，年轻时就以精明著称于业内。那时的他，虽然颇具商业头脑，做事也成熟干练，但摸爬滚打许多年，事业不仅不见起色，最后竟还以破产而告终。

　　在那段失落而迷茫的日子里，他不断地反思自己失败的原因，但想破脑壳也找寻不到答案。论才智，论勤奋，论计谋，他都不逊于他人，为什么有人成功了，而他却离成功越来越远呢？百无聊赖的时候，他来到街头漫无目的地闲转，路过一家书报亭，就买下一张报纸随便翻翻。看着看着，他的眼前豁然一亮，报纸上的一段话如电光火石般击中他的心灵。他迅速回到家中，把自己关在小屋里，整夜整夜地进行思考。

　　后来，他以仅剩的一万元为本金，再战商场。这次，他的生意好像被施加了魔法，从杂货铺到水泥厂，从包工头到建筑商，一路顺风顺水，合作伙伴趋之若鹜。短短的几年内，他的资产就突飞猛进到一亿元，创造了一个商业神话。有很多记者追问他东山再起的秘诀，他只透露四个字：只拿6分。

又过了一些年，他的资产如滚雪球般越来越大，达到了100亿台币。有一次，他来到大学演讲，期间不断有学生提问，问他从一万元变成一百亿到底有何秘诀。他笑着回答，因为我一直坚持少拿2分。学生们听得入坠雾中。望着莘莘学子们渴望成功的眼神，他终于揭秘了一段往事。

他说，当年我在街头看见一张采访李泽楷的报纸，读后很有感触。记者问李泽楷，你的父亲李嘉诚究竟教会了你怎样的赚钱秘诀？李泽楷说：我的父亲从没告诉我赚钱的方法，只教了我一些做人处世的道理。记者大惊，不信。李泽楷又说：父亲叮嘱过，你和别人合作，假如你拿七分合理，八分也可以，那我们李家拿六分就可以了。

说到这，他动情地说，这段采访我看了不下一百遍，终于弄明白一个道理：精明的最高境界就是厚道。细想一下就知道，李嘉诚总是让别人多赚2分，所以每个人都知道和他合作会赚到便宜，所以更多的人愿意和他合作。如此一来，虽然他只拿6分，但生意却多了100个，假如拿8分的话，100个会变成5个。到底哪个更赚呢，奥秘就在其中。我最初犯下的最大错误就是过于精明，总是千方百计地从对方身上多赚钱，以为赚得越多，就越成功，结果是多赚了眼前，输光了未来。

演讲结束后，他从包里掏出了一张泛黄的报纸，正是采访李泽楷的那张，多年来他一直珍藏着。报纸的空白处，端端正正地有一行毛笔书写的小楷：七分合理，八分也可以，那我只拿六分。他说，这就是一百亿的起点。

走好人生的两步

去云南丽江旅游，导游是位二十来岁的摩梭族小伙子，人很好，不仅很热情，而且还很幽默。虽算不上出口成章，但说他妙语连珠却一点也不为过。

小伙子有个口头禅——"一般人我不告诉他"，他每讲完一个有趣的段子，总不忘加上这句口头禅。以致后来，他刚说完一段话，我那几个俏皮的女同事就争先恐后地替他补上一句"一般人我不告诉他"。

在丽江和泸沽湖的三天行程期间，小伙子讲了很多个让人捧腹的段子，也说了无数个让人喷饭的句子，但我印象最深的却不是他的幽默，而是他说过的一句貌似深刻的话。

那天在旅游大巴上，不知道坐在前面的几个女同事和他聊了些什么，聊到高兴处，他突然拿着车上的麦克风很大声地说："人生只有两步，左脚一步，右脚一步。"说完还一脸严肃地补充道，"这是我阿咪说的。"说完这句又一改严肃的表情，一脸坏笑地说："一般人我不告诉他。"

车厢里又爆发出一阵笑声，小伙子这回没有随着大家一起笑，而是很认真地说："我阿咪没读过多少书，也没什么文化，这是她说过的最有哲理的一句话。我真的不告诉一般人的。"

　　阿咪就是妈妈，摩梭人管自己的妈妈叫阿咪。看得出来，他很敬重他的阿咪，从他说那句话时严肃的神情就可以看出，幽默惯了的他难得严肃一回还真让人有些不适应。

　　从丽江归来已有快三年光景了，很多美好的景致已经变成了点点滴滴的回忆，只有在偶尔翻看照片的时候才会想起，但那个摩挲小伙的那句话却始终萦绕在我脑海里，迟迟不肯离去。

　　是啊，我们一生的奔波，原来只是两脚的距离，"左脚一步，右脚一步"。一只脚踩空了不要紧，只要另一只脚还没有迈出去，就还来得及稳住身体；一只脚踏错了也不要紧，只要另一只脚还没有跟上去，就还来得及收住身体。

　　如果两只脚都踩空了，那就肯定要掉下深渊了，至于是化险为夷还是粉身碎骨，那就要看你的运气了——你掉下的是万丈深渊还是三尺土台。

　　如果两只脚都踏错了，那就肯定要"失足"了，是"一失足成千古恨"还是悬崖勒马，那就要看你的造化了。关键时刻，是否有人在背后拽一下你的衣领或者袖子。如果被拽了回来，那是你的幸运和造化，只要悔过自新，你还有回头的机会；如果没人拽你，十八年后你就又是一条好汉了，只是下辈子千万别又一不小心失足了。因为，"人生只有两步，左脚一步，右脚一步。"

追逐梦中的风景

从小到大，住家不是离上学的学校远，就是离工作的单位远。每次带了家人去看我的新学校，带了朋友去看我的新单位，走上几程，他们便会试探性地问，是有点距离噢；再走下去，别人又道，怎么还不到啊；最后便有人蹙额，语气中满是抱怨的味道：怎么这样远，你每天都要花这样多的时间在路上吗？听的人笑了一笑，于是，觉得那路正无限地展开，无限地退后，在这两头无尽的路途上，诸般风景如底片重重叠叠。

上小学的时候，沿途的风景色彩缤纷，小孩子们大多数都唯唯诺诺地答应老师家长放学后立即回家，但浮萍飞蓬的风景总能吸引住小孩子的目光。同路的小孩子下了学，转到某个单位里种养的歪脖子榕树下，先是以榕树的奇状为风景，搂着便揪住榕须打秋千，也不管歪脖子榕的胡子是不是被揪疼了；又喜欢拐到僻巷里那个恬静的敬老院，小灵精们颇吃力地跨过那及膝高的红木门槛，急急转过一丛葫芦竹，奔向那口紫铜色大缸，大缸中自有一番风景：澄碧的水，浮行的藻以及榴红团花头玉白身子的鱼儿，两分钱一包的爆玉米花儿逗得鱼儿几浮几沉。老人们很欢喜我们的到来，岁月的封锁线封不住他们一腔欢喜的表情。我们来了，他们便也兴致勃勃地围上前来，以沧桑的笑做童稚的快乐的和声。人在旅途，成年人叹息都市里没有风景，叹息熟悉的地方没有风景，却不晓得，风景的驿站只守候天真的目光；行在途上，孩子们为风景所倾却被长辈们教训一顿，而长辈们并不知道，一处风景对一颗童心，是无法抗拒的诱惑，又意味着一次小小的迷失。

年龄长大了，风景很快也就远退成一种距离。

从前行走半个小时的路变成一个小时的车行。有风景的道路拉长了，而感受风景的心却变得迟钝。看过的花花草草太多，体恤自然的话就不想说了；经历了波波折折，热心肠不自觉转成冷漠。没有魂魄的躯壳在都市里穿行，这大概是"煞风景"的一种风景。也许因为风景终究只是风景，所以观者便无所谓；又因人生总能有风景，所以错过便不觉可惜。卞之琳有他的风景观："你站在桥上看风景，看风景人在楼上看你。明月装饰了你的窗子，你装饰了别人的梦。"于是我们意识到自己总是这般走入风景又成为风景的一部分。

其实，人生之途怎么说也都是追逐风景之途。一个生命临世，他就面对一种风景并熟悉这种风景，然后，又不满足于这种熟悉的风景对个体的限制。进城的为了追逐城中的风景，过洋的想要追逐异域的风景，守着财富追求返璞归真的风景，身处天然追逐雕饰的风景。风景之途由此充斥着"路漫漫其修远兮，吾将上下而求索"的慨叹。而在奔向不同风景之途中，长路牵系着人的希望与人的跋涉，那迈动的双足行走出两行痛苦与喜悦的印记，在现实中追逐梦中风景，这又是一种风景。

只有绝处才能逢生

我的老家在甘肃靖远。那是一个水比油贵的地方，我们祖祖辈辈都是靠天吃饭——今年雨水多，打下的粮食吃不完，就能卖几个钱支付日常开销；明年雨水少，日子就过得紧巴巴。因此对我们来说，摆脱贫困的惟一办法就是出外打工。

我19岁那年，在兰州一个包工队打工的叔叔来信说，他们那儿需要人，要我赶紧去。肩负着全家人的希望，我带着父母东凑西借的200元钱离开了家。

到兰州后，我一路打听叔叔信上说的地址。经过中山铁桥时，我突然看到桥头有一个招收服装裁剪学员的报名点。简直是鬼使神差，我稍一犹豫，就报了名。因为我知道，即使找到叔叔，无非是做一个既受气，每月也只有几百元的小工。而如果学到了一门手艺，就有了一个终身的饭碗。

晚上，躺在学校宿舍的木板床上，我突然在想放弃了打工的机会，假如又学无所成，回家父亲非把我的腿打断不可。

不成功便成仁。那天晚上，我睁着眼一直到天明，下定决心一定要把手艺学好。从第二天起，我几乎是以一种疯狂的态度投入学习。我把捡来的废纸订在一起当笔记本；每堂课一结束，我就拦住老师问这问那，从不顾及老师被问烦了对我的训斥；回到宿舍以后，我几乎再不出门，要么一遍一遍地背各种服装款式的裁剪公式，要么把旧报纸摊在床上做模拟裁剪。恨不能一天时间就把所有的技艺学到手。

交了学费以后，我的身上只剩下43块钱了，这就意味着在30天的学习时间里，每天我的开销只能有1块多。母亲烙的锅盔给我节省了3天饭钱，以后的日子里，我每天的饭食就是大饼就开水，在兰州再没有比那种5毛钱一个的大饼更便宜实惠的东西了。每当别人在宿舍里吃饭，我的胃里就会翻江倒海，只能别过头去，把笔记本翻来翻去以转移自己的注意力。一直到学习期满，饥饿始终伴随着我。

时间对我来说太宝贵了，如果说挨饿受罪因为是自找的而必须忍受的话，那么属于我的学习时间被别人占用则是我无论如何也不能忍受的。学校的教程是前半月学裁剪，后半月学缝纫。由于缝纫机少，两人合用一台缝纫机。和我合用一台机子的是一个本地小伙子，我的穷酸和寡言让他觉得我好欺负，他每次上机子后，该我换他的时候却总是磨磨蹭蹭地不下来，我一催，他就嘴里骂骂咧咧。那天我忍无可忍了，见他不下机就把机头上的转轮扳住不让他再踏，没想到他起身就是一拳打在我的脸上，我的鼻子当即鲜血直流。我大叫一声，发疯似的抓起机台上的剪刀。那家伙一见，吓得兔子一样蹦起来，撒腿跑出门去。其他人连忙围过来劝我。我推开众人，坐到缝纫机前，拼命地踏动踏板……老师见我疯疯癫癫，怕我闹出什么事来，从此以后就让我一个人用一台缝纫机。

一个月的时间很快过去了。我背着背包一出校门，立刻就直奔兰州东部批发市场，那周围有很多制衣厂。我在学校学到的东西大多是纸上谈兵，从未用布料裁剪和缝制过一套完整的衣服。很幸运，当天我就找到了一家私人制衣厂并被留用。

从那以后我开始了一段夜猫子似的生活。私人制衣厂的工人几乎都是晚上干活白天睡觉。工人们个个脸色蜡黄，蓬头垢面。

我很快就适应了这种颠倒黑白的生活。制衣厂里活儿多得让人喘不过气，裁好的衣片每天都码满了案子。晚上，除了缝纫机走针的哒哒声，几乎再听不到任何声响，好像连说话都是一种浪费。这样一直干到第二天早上9点，吃完饭，回宿舍睡觉。

我们是计件工资，做一件上衣5块钱，做一条裤子2块5角。最熟练的工人每晚也顶多做4件上衣或7条裤子，而我这样的新手，复杂一点儿的上衣一晚上连一件也做不出来。

每天早上吃完饭以后，别人都睡觉去了，我就偷偷溜进裁剪室，和裁剪师傅套近乎，看他打板、下料、对模特儿身上的新款服装进行修改，有不明白的地方就向他讨教。为了不让他反感，有什么活儿我就抢着干。每天牺牲两三个小时的睡觉时间，换来的是裁剪水平的飞速长进。不出一个月，裁剪师傅有时偷懒，就干脆让我打板，这更让我有了把所学应用于实践的机会。

对于缝纫技术，我也加倍苦练。我注重的不是速度，而是质量。后来，为了检验自己是否已经具备了独立开店的能力，我把没用的布头拼接起来，为自己裁了一套西装，偷偷缝制出来。当我穿着那套花花绿绿的百缀衣让裁剪师傅看时，他差点儿没笑破肚皮，不过笑后他连连称赞：好，好，裁得很合身，做得也很规整。

在领取了第三个月的工资后，我的兜里已经有了近1000元的积蓄。于是，我离开了制衣厂。不怕人笑话，在四个月的时间里，由于我没有铺盖，睡觉从没脱过衣服，更没洗过一次澡。

我在兰州土产公司的家属区里租了一间一楼的房子，又从收购旧货的人手里买了三大件(缝纫机、锁边机和熨斗)，我的裁缝店就算开张了。

开张伊始，由于我太年轻，人们对我的手艺不信任，加上我没有下手出活儿慢，所以生意十分清淡，平均一天收不到一件活儿。我清楚地认识到自己的劣势，也清楚弥补劣势的方法，只能是把活儿做精做细，慢慢建立口碑。比如，对于西服，我不仅在外表挺括上下功夫，每次挂完里子，还要把里子从封口处翻出，用小剪子把那些别人看不到的线头也仔仔细细地剪干净；对于女装，尤其是薄柔面料，最容易出现对襟翻翘和长短不一的问题，为此我在衣架上拴了一个铅坠……我的认真和努力渐渐取得成效，找我做活儿的人越来越多。

站稳了脚跟，我这才敢给家里写信说明情况。

由于顾客日益增多，我招收了3个学徒，其中便有后来成为我另一半的小晴。她比我大两岁，在她的督促下，我改掉了不少坏毛病，生意很红火。

开店后的第二年，有一家纺织公司由于经营不善亏损严重，只得把卖不出去的布料充当工人的工资。工人面对堆放在家里的布料发愁，有的就把布料拿到我的店里给自己和亲戚朋友做衣服。我一打听，这些布料价钱便宜得令人吃惊，于是一个念头在我的脑海里闪现：假如用这些布料设计出几种新颖的款式，由于价钱低廉，推到市场上未必无人问津。我把这一想法告诉小晴，小晴当即表示值得一试。

很快，我就签下了位于繁华街口的一个铺面，小晴也顺利招收了5个熟练工人。在铺面装修期间，我翻阅了大量国内外服装图书，最后根据收购来的布料的花色质地确定了5种款式。半个月以后，我们的"姐弟制衣"正式开张。

不料，满怀希望换来的却是沉重打击——样品在铺子里展示了十几天，却仅仅卖出去几件。大多数顾客都是冲着样式而来，可一看面料，就又摇头而去。新铺面花去了我们所有的积蓄，工人的工资也马上得支付，如果我们不能尽快走出困境，那就只有"破产"一条路了。

那天，我和小晴对坐无语，刹那间我忽然想到：顾客能被服装吸引而来，说明服装款式没有问题，关键是对面料不满意。那种面料被成批地发放到工人手里，一定在全市流传得很广，甚至已经引起了人们的反感。可是，在别的城市呢？

我断然决定，拿上服装样品，到别的城市去推销。我首先奔赴成都。令我意外和惊喜的是，在荷花池批发市场，我走进的第一家批发店就看中了我的服装，并且当天就签了一笔500套的订单。

揣上定金，我连夜赶回兰州……

不久，那个老板又发来第二、第三张订单，直到我把能收购来的那种面料全做完，那笔生意才算结束。

如今，我们在城郊租了一间大房子作为厂房，工人已有30多人，固定客户发展到了十几家，业务也不再局限于量体裁衣、成衣零售批发，还有新款设计和来料加工。

注定不能做一只树懒

它从不用为吃忙碌，一觉醒来的时候，食物就在嘴边，既没有跟它争的也没有跟它抢的，是真正的饭来张口，不劳而食。它不用为穿忙碌，一辈子只穿一件与生俱来的毛皮大衣就足够了，这件大衣还免洗免熨真皮制作。它不用为住忙碌，一生往往只在一棵号角树上度过，最大的活动范围也不超过三或四棵树之间。它也不用为行忙碌，作为世界上走得最慢的哺乳动物，它每迈一步约需12秒钟，连逃跑的速度都不超过0.2米/秒，比爬行的乌龟都要慢许多。它当然也用不着为工作忙碌，一天到晚吊在树上睡觉打盹儿长达20个小时，只醒四五个小时还是"睡到自然醒"的。

树懒已经逐渐成为部分都市上班族的偶像，它的悠然自得，它的安详休闲，它的与世无争，是他们最为向往和赞美的生活方式。但没人能够真正选择做一只树懒，因为你注定做不成一只树懒。

它从不愁吃了这顿没下顿，因为它吃的是别的动物根本从不问津的树叶，低热量，没有多少营养，坚韧粗硬，表面还有蜡质层，味道也不好，是别的动物不屑下咽的。因为伙食质量不好，树懒只好进化出了极其庞大的胃，并分隔出比牛还要多的胃室，吃饱时，胃部的重量要占到体重的三分之二，而且对这些食物的消化过程长达1个月甚至更多，一个星期才下树排便一次，是典型的"酒囊饭袋"和便秘症患者。它行动缓慢，一生只选择几棵树，其实也是无奈的选择，为了长期在树上生活，为了隐藏在细枝上不让天敌发现，它只有努力降低体重，不惜牺牲自己的肌肉，属于典型的肌无力患者。同时，它还努力通过降低体温来减少热耗，以至于根本没有什么活动能力和自我保护能力，一旦下到地上，连站立的劲都没有，碰上美洲狮等天敌，也只能缓慢地艰难爬动——我们可以想象到它心中的绝望。运动能力的不足，也注定了树懒的分布范围狭窄，它只能在气温几乎全年保持一致的热带大森林里生存，一旦环境有变，它惟一的选择就是无可奈何地承受灭顶之灾，而无从逃脱。它的爱情生活极其苍白，在热带丛林中雌、雄树懒邂逅相见，一般来说要大约5年才有一次机会，有的树懒甚至一辈子都没有机会见到异性的模样。

　　没有什么是可以不劳而获的，没有什么收获是不需要付出代价的，没有什么生活方式是只有利而没有弊的。可以羡慕奥运会金牌获得者的荣耀，但不可以视而不见金牌后面的汗水和泪水，陈忠和说："没有人可以笑着拿到冠军。"可以羡慕李嘉诚的富有，但不可以视而不见他五点起床忙到深夜的辛苦，李嘉诚说："成为富翁是减肥的最好方式。"也可以羡慕一只树懒的悠闲，但你注定做不成一只树懒，因为树懒的隐忍和牺牲是常人所无法忍受和效仿的。对于一直对树懒的仰望，在很大程度上只是自欺欺人和自我麻醉而已。

身处于充满竞争的人类社会，作为一名不甘于平凡的人，唯一的选择就是努力，奋斗，进取，因为你注定做不成一只树懒，就没有权利向往一只树懒的生活。

长翅膀的老头

雨下到第三天，佩拉约两口子在屋里打死了成堆的螃蟹。后来，佩拉约只好穿过被雨水淹没的院子把它们扔到海里去，因为他刚刚出世的孩子发了一夜烧，他寻思都是这些螃蟹招来的晦气。中午，光线十分微弱，佩拉约扔完螃蟹回到家里，模模糊糊地看见院子当中有一个什么东西在蠕动和呻吟。他走近一看，原来是一个老头儿趴在泥水里，他身上长着一对巨大的翅膀，很碍事，无论怎么挣扎都站不起来。

佩拉约被眼前可怕的情景吓坏了，赶紧跑去找他的女人埃利森达。他女人当时正把凉毛巾敷在生病孩子的头上，被佩拉约一把拉到院子中间。两个人惊愕地望着倒在地上的人。那人衣衫褴褛，口中的牙齿稀稀拉拉，他那像落汤鸡似的老态龙钟的样子显得格外可怜。身上那对大兀鹫翅膀又脏，羽毛又稀疏，一动不动地摊在泥水里。他们叫来了一位能掐会算的邻居来看看他。

"他是一个天使，"她告诉他们说，"我可以肯定，他是为你们的孩子来的。只是因为这个可怜的家伙太老了，结果被雨打落在地上。"

第二天，大家都知道了佩拉约家里捉到一个活脱脱的天使。不过，佩拉约两口子没有听信她那套话。整整一下午，佩拉约拿着他那根警棍站在厨房里守着，临睡前还把他从泥水里拽出来，同母鸡一起关进铁丝编的鸡笼里。半夜，雨停了，佩拉约和埃利森达继续打螃蟹。过了一会儿，孩子醒了，烧退了，想吃东西了。于是两口子大发慈悲，决计把天使放到一个竹筏上，给他够三天吃喝的淡水和食物，任他到大海上去碰运气。但是，当他们趁着晨曦走到院子里的时候，看到左邻右舍全都聚集在鸡笼前逗天使玩儿。这帮人对天使毫无敬畏之心，竟还从铁丝网往里给他扔吃的东西，仿佛他不是什么神灵，倒是马戏团里的一只动物。

这个耸人听闻的消息传开，惊动了贡萨加神父，他七点前也赶到了。当证实了那东西并不懂得上帝使用的语言，也不知道问候上帝的使者之后，神父开始怀疑他在作假——他那副可怜的模样与高贵的天使毫无共同之处。于是神父离开了鸡笼，简短地告诫好奇的人们，叫他们不要被天真蒙住了眼睛，并提醒他们说魔鬼有一种恶习，常常利用狂欢节戴上假面具来欺骗爱上当的人。不过，他还是答应给主教大人写封信，再由主教给大主教写信，最后由大主教呈报教皇，好让教廷做出最后的裁决。

神父的慎重态度在无知的人们心中并未奏效。捉住天使的消息不胫而走，几个小时后，院子里更像熙熙攘攘的市场一般，为了清扫看热闹的人扔下的果皮、纸屑，埃利森达把脊椎骨都累弯了。于是她想了个好主意：把院子筑起围墙，收五分钱门票看天使。

好奇的人们从老远的地方赶到这里。佩拉约和埃利森达甭提多高兴了，因为不到一个星期，家里所有的房间都堆满了钱，而等着朝圣的香客已经排得一眼望不到边了。

贡萨加神父一面等待着对这个捕获物的属性的最终判决，一面用女用人那种随心所欲的方式来解答人们提出的各种问题。可是，罗马教廷却杳无音信。要不是一件偶然的事件结束了神父的烦恼，那些措辞谨慎的来往信件也许会一直没完没了地继续下去。

原来，这些日子在展览会上众多吸引人的节目中，有人在村里搞了一个巡回展出，展出的是一个由于违背父母之命而变成蜘蛛的少女。看蜘蛛的门票不仅比看天使的门票便宜，而且允许观众就她的痛苦遭遇提出任何问题，还允许颠来倒去地观察她，好让所有的人都不怀疑这桩可怕的事实的真实性。这是一只可怕的意大利狼蛛，身体有一只绵羊大小，长着一个忧伤的少女的脑袋。但是，最叫人揪心的还不是她那离奇的外表，而是她原原本本地讲述她不幸的经历时那种痛心疾首的表情。当她几乎还是一个小姑娘时，有一次她偷偷地溜出家门去参加一场舞会，当她跳了一宿舞从森林里回来的时候，突然一声炸雷劈裂长空，从裂缝中迸出一道可怕的闪电将她变成了蜘蛛。当那个变成蜘蛛的女人名声大噪的时候，而佩拉约家的院子就又变得像连下三天暴雨时那么冷清，空无一人，只有螃蟹在屋里到处爬。房东两口子对此毫不惋惜。他们用收的门票钱造了一幢两层的住宅，有阳台花园，门槛修得高高的，佩拉约还在村子附近建了一个养兔场，并且索性辞去他那个薪水微薄的乡村警长职务。埃利森达给自己买了几双高跟皮鞋和许多闪光绸衣服。唯一未曾受关照的是鸡笼。偶尔佩拉约两口子会用克辽林消毒水清洗鸡笼或熏点卫生香，但这并不是为了恭维天使，而是为了驱除已经神不知鬼不觉地在全家蔓延的恶臭。

日晒雨淋把鸡笼也弄塌了。被释放出来的天使像一只垂死的动物四处爬着，结果把菜地都毁了。这年冬天，不知怎的，天使一下衰老了许多。他几乎都不能动弹了。那双探询的眼睛布满阴郁，使他常常撞到木桩上，仅有的几根羽毛也脱得光光的。佩拉约大发慈悲，用一条毯子把他包了起来，把他弄到棚子里睡觉。这时他们才发现，他夜里常常发烧，还不断地哼哼，佩拉约两口子一向很镇静，这次也慌了神，因为他们想到他就要死了，而就连有学问的邻居也无法告诉他们怎样处置死天使。

但是，天使不仅熬过了那个严酷的冬天，而且随着春天的到来开始恢复起来，在十二月份他那布满阴郁的瞳仁又渐渐地变得明亮起来，翅膀上开始长出又大又硬的羽毛。

一天早上，埃利森达正在切洋葱片准备午饭，似乎觉得一阵海风吹开了阳台门的插销，刮进屋里。于是她从窗口探出头去，惊讶地看到天使正展翅欲飞。他十分笨拙，结果把菜地弄得一塌糊涂，那翅膀在阳光下一阵乱扑腾，差点儿没把棚子打翻。最后总算飞了起来。在看见他颤巍巍地扇动着老兀鹫翅膀飞过最后几家的房顶后，埃利森达为自己也为他长长地出了一口气。她一面切着葱头，一面盯着他，直到再也无法看见为止，因为这天使再也不会扰乱她的生活，而只是地平线上模模糊糊的一个小点了。

勇敢的心

一辆出租车撞在路边护栏上，变形着火了。

兄弟俩出门办事时正好目睹了这一幕，兄弟俩飞跑过去时，火势正从副驾驶座位烧向后排座位，司机被撞得不省人事。

兄弟俩没有片刻犹豫，齐声喊着号子："一、二……"想使劲儿拉开车门，但车门纹丝未动。兄弟俩又想从车窗里把司机拉出来，被卡住的司机却怎么也拉不出来。

正当他们无计可施以为司机已经没救准备离开时，司机却突然开了腔："哥们儿，谢谢你们……车子可能马上就会爆炸，你们就别管我了，

快走吧！"话刚说完，头就歪向了一边。司机还能说话，兄弟俩怎么可能丢下他不管？

兄弟俩一齐安慰道："大哥，你忍着点，我们一定把你救出来。"火势越来越大，车身发烫，车里烟雾弥漫，随时都有爆炸的可能，也许2分钟、1分钟，甚至20秒、10秒……

哥哥感觉情况不妙，要弟弟先走。但弟弟没搭理哥哥，他知

道哥哥的脾性：如果司机没救出来，他绝不会半途而废。

弟弟本想叫哥哥离开。但时间又不允许他推让。

于是，弟弟抢先一步爬到了驾驶室。弟弟爬进去的那一刻，哥哥非常自责没有抢在弟弟之前钻进车里。

但现在，他只能在车下一边喊住路人不要靠近，一边配合弟弟。

火苗就要接近油箱了……这时，哥俩感觉身边突然又多了一双手，一个年轻人没有听从哥哥的警告，也加入进来了。绝望的哥俩，心里重新泛起了希望，手上也就更有劲儿了。

1分钟，2分钟……三个年轻人终于将司机拖出了车厢。

他们把司机架到人行道上，三个人还没来得及喘口气，身后就响起了爆炸声。

等三个人回头看时，身后已是碎屑四起、浓烟滚滚……

这时，他们在人行道上还没站够10秒钟！惊心动魄的救人过程只有不到10分钟。而意味深长的是事后人们对他们的追问。有人问后面加入的年轻人："哥俩叫路人不要靠近，你为什么这么勇敢？"年轻人答："哥俩身处危险中，却叫我们不要靠近，你说我能听他们的，眼睁睁着不帮上一把吗？"有人问哥哥："火快烧到油箱了，没想过要跑吗？"

哥哥答："司机和我弟弟都在车里头。我能跑吗？"

有人问弟弟："你哥让你走，你为什么不走呢？"

弟弟答："车上一个大活人，我哥也没走，我能迈得动脚吗？"

有人问的士司机："你苏醒过来后，说的不是救救我。你知道自己说了什么吗？"

司机说："知道。感觉到有人在救我时，我很感动，心想着死前一定要向救我的人表达谢意，一定要提醒他们汽车会爆炸，让他们早点远离危险……"

现在，你应该听懂了这些勇敢的心跳了吧？——在他们每个人的胸膛里，跳动着的都是一颗为他人着想的心。

原来。所谓勇敢，就是在危难时刻满满地想着他人。

删除人生的负能量

　　父亲脾气暴躁，不懂得疼人，又是个大孝子，母亲嫁过去以后，受了不少委屈，吵架是家常便饭，父亲吵不过，便拳脚相向。记忆里，母亲总有流不完的眼泪，双眼红肿还在地里劳作。父亲也不会照顾人，那年母亲胆结石做手术，他倒寸步不离守了母亲一周，却一点也不称职，买的饭菜全是母亲不爱吃的，还动不动就吼，气得母亲抹着泪恨恨地发誓：等你生病的时候，别想让我照顾你！

　　父亲真的生病了，高血压偏瘫，走路要人扶，吃饭要人送，衣服要人帮忙脱，还动不动就得住医院。这时候，母亲完全忘记了自己当初说的狠话，无微不至地照顾着父亲，从此再也没出过门，因为父亲一刻也离不开她。看着母亲辛苦的样子，我都有些为她鸣不平，有时候会问她：你就不恨父亲吗？母亲爽朗一笑："恨什么呀？夫妻哪有不磕磕绊绊的，若是每件事都记恨着，家早就散了，哪还有你们啊？"那一刻，我忽然觉得不识字的母亲其实真的很睿智，早已被生活磨炼得百毒不侵。

老公在一家公司做主管，因为人勤快实干，很得领导赏识。领导跳槽时，极力说服老公跟随他走，信誓旦旦保证绝不会亏待。老公觉得领导一向对自己不错，值得信任，就跟着一起跳槽了。领导在新公司比原来职位升了一级，工资也升了一级，可是给老公的职位和薪水都和原来一样。老公没介意，比原来更加勤恳地工作，争取不给自己和领导丢脸。没想到，为了在新公司站稳脚跟，表明自己融入新公司的决心，领导居然拿老公当靶子，用非常卑鄙的手段辞退了老公。

丢了工作，老公没有怨天尤人，天天往人才市场跑，最终成功上岗，应聘到一家大公司做部门经理，职位薪水都比原来高了很多。我愤愤不平地提醒老公，找个机会，好好羞辱一番当初的领导，太忘恩负义了。老公却一脸平静地说："人在职场漂，哪有不挨刀，何必把那些不开心的事记在心里？再说了，若不是领导当初绝情，说不定还没有我的今日呢。"那一刻，我觉得老公真的很豁达，从来都不计较，难怪职场之路走得越来越顺。

有个网友，不久前离婚了，老公带走了孩子和房子，她孤身一人，按说很凄惨，应该天天哭哭啼啼痛骂负心汉，事实却恰恰相反。她似乎过得很快乐，总是在不同的地方旅游，然后把照片传到空间里，照片中，她笑得春光灿烂，俨然一个幸福天使。

某日在QQ上相遇，问她何以能这么快乐，她说："每个人都应该给自己设置一个删除键，毫不犹豫地将生命中不快乐的部分删掉，因为那些垃圾会抢占内存，让好东西无处可放。"那一刻，我如醍醐灌顶，觉得她实在是一个明智聪颖的女子。

　　每个人都应该给人生设置一个删除键，将痛苦、伤害、仇恨、懊恼和嫉妒统统删除，留下足够的空间，装进快乐、奋发、温暖和幸福。

如果不能弹琴，那就唱歌吧

黄昏时，莉娅出去散步，走过一条僻静的小街。忽然，听到一阵柔美而甜润的歌声，循着声音，一路追寻，歌声来自路边的一家乐器店。

莉娅忽然产生一种冲动，想进店去看看。店主是一个年轻的女孩，那甜美而干净的歌声，果然就来自于她。看到有顾客进来，她的歌声戛然而止，站起身来，微微一笑。

"帮我选一把吉他，好吗？"莉娅终于鼓起勇气，拿起笔来，在纸条上快速写下一句话。女孩微微有些吃惊，却并不多问，只是轻声说："很高兴认识您，我叫丽莎！请问，您对吉他的音质有什么要求吗？"

"我想，最好是不太贵的那种……"莉娅犹犹豫豫地写道，神情羞涩得像个小女孩。她发现，来店里选购乐器的，大部分是年轻人，或者是父母陪着孩子，唯独人到中年的她，显得有些另类……丽莎仿佛看穿了她的心思，赶快回答说："没关系，我来帮您选。另外，我们这儿有培训班，有专门的老师授课，您随时可以免费来上课。"

莉娅终于选了一把吉他，从那天开始，几乎风雨无阻，她天天来上课。坚持了一个月之后，她发现自己还是根本弹不出动听的音符。

她忍不住有些灰心。终于有一天，她在纸条上写道："对不起，我不想学了！"丽莎似乎并不惊讶，仅仅只问了一句话："当初，你为什么想学吉他？"莉娅愣了一下，忽然泪如雨下，她在纸条上写道："一次意外的火灾，让我的爱人去了另一个世界，而我永远失去了声音……他很喜欢音乐，却一直赚钱养家，没有机会去尝试。临终前，他说，希望有一天，我可以到他的墓前去弹吉他……"

"对不起！"丽莎急忙道歉，紧跟着又补充道，"其实，每个人的一生，总会遇到各种各样的挫折，没有人能够如你想象的那样完美！"

说着，丽莎忽然摘下了自己的手套。这下，轮到莉娅吃惊了：她的右手，仅有两根手指。怪不得即使天气炎热，她都坚持戴着手套。

"在我很小的时候，父母就让我学习弹钢琴，我也非常喜欢音乐。18岁那年，我参加全国大学生钢琴比赛，还获了一等奖，"回首美好的往事，丽莎的声音，似乎也变得如梦如幻，"就在一次参加比赛归来的途中，一次从天而降的车祸，彻底毁掉了我的梦想。当我从昏迷中醒来时，发现我的手，已经变成了现在的模样，再也不可能弹琴了！"

"尽管如此，我对音乐的向往从来都没有改变过。于是，我开了这家乐器店，为所有喜欢音乐的人提供帮助。况且，就算不能弹琴了，我还可以唱歌呀！就像你，虽然不能唱歌，却可以弹琴！"丽莎说着，又轻轻哼起了一首歌，她的脸庞上写满了美丽的憧憬。

莉娅被这个美丽而乐观的女孩打动了，她决心继续学习弹吉他，因为天堂里的他，一定不希望看到她天天以泪洗面的模样。

只要我们愿意，生活总是可以打开另一扇门。如果不能唱歌，那就弹琴吧！如果不能弹琴，那就唱歌吧！

第二章

触 摸 天 上 的 星 星

比理想更重要的是态度

　　拥有一颗踏实、平和、稳步又积极进取的心灵比理想更重要。这种可贵的生活态度将会使人受益终生。

　　不久前，一位作家朋友应邀回小学母校做演讲，他告诉我在和学生们交流的时间里，有学生递上了不少纸条。有一张纸条上写的是：您上小学时的理想是什么？

　　这位作家朋友在学生们面前很坦诚，微笑着说他上小学时的理想不是当一名作家，而且也没有想到自己会成为作家并且靠写作安身立命。他给学生们讲述起了自己上小学四年级时的一堂课。

　　在那堂课上，语文老师问同学们的理想是什么？同学们纷纷站起来畅说。有的说是当科学家，要发明很多对人们有用的东西；有的说要当歌唱家，唱出许多动听的歌曲；有的说要当作家，要出很多人们爱看的书；有的说要当画家，画出一幅幅美丽的画来；有的说要做一名光荣的军人，保家卫国；有的说做航天员，飞上月球……那时的他站起来唯唯诺诺地说："我想上初中。"作家朋友告诉我，立刻，那演讲台下的同学们爆发出了笑声。作家朋友微笑着给我说，记得当时在小学课堂上，语文老师和同学们也都笑了，觉得他说的太没有理想色彩了。

紧接着，他告诉我，他之所以说出那样的话，是因为他的农民父母对他小时候的教育。那时，他家境不好，父母要他好好上学读书，就盼着他读完小学上初中，上完初中读高中，读完高中上大学，上完大学参加工作。因此，他的父母从他上学时就教育他，不管将来做什么，都要像农民种庄稼那样，踏踏实实地劳动。天灾不收庄稼那是没办法，但还可以再等来年啊。将来不管遇到什么困难，都不要怨天尤人，要有勇往直前向前冲的干劲。当时，他觉得那时的理想就是考上初中，只有考上初中，才算登上一个新台阶，谁也不知道未来是什么样子，一个台阶一个台阶地向上攀登才会有美好的未来，这是他所坚信的。

后来，他确实是一个台阶一个台阶地走过来的，虽然第一次考大学时落榜了，但他在复读时通过努力还是考上了大学。再后来，他靠辛勤的笔耕成长为一名作家。

作家朋友还告诉我，演讲结束时，他把荀子《劝学篇》中的"不积跬步，无以至千里；不积小流，无以成江海"这句话送给了同学们做赠言。

"从你的成长中，我现在明白了一个深刻的道理，有理想是很好的，但不是最重要的。拥有一颗踏实、平和、稳步又积极进取的心灵比理想更重要。这种可贵的生活态度将会使人受益终生。"听完他对我的讲述后，我无限感慨地说。

别消耗了你的人生

我有个同事天天向我抱怨她的工作。她说，"我的工作没意思极了""我不知道这份工作有什么意义""我一点也不想干了""我每天都无所事事／好无聊"。昨天我还安慰她，今天却彻底不想回应了。当时我正忙得不可开交，她又走过来，看着我的电脑屏幕，问："你在干什么啊？我太无聊了。这工作一点意思都没有。"那一刻，我特别想把她的脑袋塞到手旁的洛神花茶里，用那杯几乎要馊掉的红水洗洗她油了好几天的头发。

我昨晚又是2点才写完稿子，今天一早以为上早班，所以6点又起来了。去公司看到一个同事休假没回，一个同事刚开始休假，还有一个哥们病假，我就知道忙碌的一天又开始了。相比于上一份工作，我说不上有多喜欢现在这份，而我也没有叔叔那干一行爱一行的觉悟。但我总觉得，人总该给自己找点乐子。你厌烦于整理新闻和编辑稿件，但你一定能从中找到一点有意思的东西。你不喜欢新闻稿，可你眼前的文章来自全世界的优秀华人记者，你怎么能无视他们的价值？你想做大新闻，那么中东正是你一展拳脚的地方，你却说不喜欢看大爆炸。姑娘，如果你真的要偷懒，就刷刷微博校内，看看笑话混一天吧。可你的选择是，焦躁地走来走去，在其他忙碌的同事面前愁眉苦脸地说"我好闲"，把负能量传染给每一个人。

我小时候有一个朋友，在外人看来，这个人从来没有烦心事。从小家庭和睦，父母都是高官，有文化有品位，有钱有权。但我从认识这个人开始，就无数次听到抱怨，抱怨生活太琐碎，抱怨自己运气不好，抱怨遇人不淑，抱怨怀才不遇。我知道这个世界上有太多坐享其成的美事，但我更相信一分耕耘一分收获。要饭也得主动伸手吧，你牛得像大爷还指望有钱拿？当然，我从不认为这个世界上付出能和收获画等号，但如果连付出都不付出，回报又从何而来呢？

我妈教育我说，吃亏是福。这话不是要我真的傻傻地去吃亏，而是告诉我，有舍才有得。所以我远离了这位从来没有付出却一直在期待回报的朋友，希望其负能量不要波及我。有些人，比如我那位同事，负能量在于什么都做不来；有些人，比如我这位朋友，负能量在于什么都不想做；还有些人，比如下面将要说到的L，貌似有着满满的正能量，实则全是通过消耗别人得来的。就像书里写的美女蛇，吸食精气，然后越来越厉害。

这个周末我计划去深圳买东西，想起上周L同学联系我，说自己在深圳工作了，有空就出来吃顿饭。L同学一直是个特别积极向上的人物，向上得让我觉得自己太低劣。他的世界里，周围的人都挺差的，他以反语践踏他人为乐。哪怕自己混得不咋样，但这个世界却总能衬托得他像一朵红花。我想起有两年没见过面了，刚开始看到他的留言也挺高兴的。后来，L用他一贯的口吻问我："你现在是在影视公司还是广告公司啊？名字说得上来吗？"我想了想，两份工作，一个民营企业，一个穷国企，自己距离L的要求还有很大差距，这周还是别去惊动他的大驾了。同时，我还不由得暗自庆幸，多亏他刚回国没来得及办通行证。不然哪天来我这儿视察，我可招架不住。

写着写着有点跑题，小结一下，远离消耗你的人，也不要做消耗别人的人。你无法唤醒那些装睡的人，但你可以成为这个浑浊世界中清醒的那一个。

不给人生分阶段

上小这时除了学习，母亲不让他参与任何事儿。夏夜父亲在院子里修自行车，他跃跃欲试。母亲说："小孩子看这个有啥用？还不如把你的数学题弄明白。"

上初中时他迷上了象棋。周末都想和同学们淋漓尽致地"杀"上几盘。父母说，你现在的任务是好好学习，考上重点高中，等你上了大学，你就有一大把一大把的时间来玩象棋了。他听从了母亲的建议，主动放弃了自己心爱的象棋。

高中时他喜欢上了班里的一个女生。女生的单纯和善良曾让他感动。他悄悄地给她写情书，给她买毛绒小玩具。不久这件事就被他的父母发现了。这次父母痛斥他一顿："都火烧眉毛了，你还在那谈恋爱。谈恋爱能谈出重点大学吗？"在父母的一次又一次"教化"中他放弃了那段美好的感情。

他上大学时所学专业的就业形势已不容乐观。为了考研，他这一次主动放弃了又一次谈恋爱的机会。用他的话说："不着急，等我考上研究生，有一份好工作的时候女孩子还不排队找我吗？"就这样，他从大一下学期就准备考研。看着别人多姿多彩的大学生活，他总拿一句话安慰自己："现在是考研时间，时间不能浪费在其他事情上。"

很可惜，研究生毕业后就业形势依然不容乐观，但他不会修自行车，不会下象棋，没有女朋友，社交活动里一些笨拙反常的举动常常让人哭笑不得。

他是我表哥。他的家人为他人生的每一步都设定了一个目标，为了这个目标，让他放弃其他任何事。他们给人生分好了"阶段"，却把自己的人生带入了一个狭窄、闭塞的入口。

常听做生意的朋友说，我要在30岁之前赚够1000万，然后用余下的时间去环游世界。但我又常常见到他们为了1000万的目标，不到30岁已是浑身毛病，只能与药罐相伴度过自己以后的人生。

其实，人生不必分阶段。想想我那位表哥，如果小学时拿出一点点的时间来学习修自行车，初中时拿出一点点时间来弄他的象棋，高中时谈一场青涩的恋爱，大学时与其他人一样过好自己的每一天，那也会是另一番景象。当春天来临时我们希望看到一个姹紫嫣红的世界，如果一种花草沾满了整个春天，难免会有些乏味。人生何尝不是如此？

在夜读时品一杯香茗何尝不是另一番享受？在工作疲惫时找几位知己谈天说地也是一种生活。如果我们给自己的人生分好阶段，夜读时忘了品茗，工作时忽略了朋友，那人生也会为之失去光彩，孤独与寂寞笼罩我们的狭隘的选择。让一缕阳光照进来，给人生一条阳光大道，抵达成功的彼岸时就会得心应手。所谓"艺多不压身"是宽容的人生里才有的结果。

给人生分阶段，其背后是强大的功利心。舍与得永远平衡。有舍才有得。那些一心想得的人往往被眼前的利益所迷惑，一叶障目，忘记了远处的风景。放下功利心，看淡了舍与得，看到的往往是远处的风景，视野开阔处得到的自然会更多。

人的一生如一条大河奔流不息。给人生分阶段如同抽刀断水，只能适得其反。学会与生活和谐，看淡功利的人不会给人生分阶段，把每一个阶段都拴在一个狭窄的目标上。给自己的一生指定一个长远的目标，为其努力，不忘记真善美时生活会变得缤纷多彩，通往成功与幸福的路也会更加宽阔。

给人生分阶段，就是给人生之路设下了关卡。推倒功利的墙，人生之路就会坦坦荡荡通罗马。

触摸天上的星星

1987年出生，我今年刚好26岁。

就在大前天凌晨，终于收到了一封让我望穿秋水的邮件。凌晨4点听到了手机的邮件推送铃声，打开邮箱，颤抖着双手哆哆嗦嗦地登录系统，竟然是一封佐治亚理工学院的博士生录取通知。三年多来的努力，在连收六封拒信之后，终于有了结果。那一刻，我明白了杜甫的"却看妻子愁何在，漫卷诗书喜欲狂。白日放歌须纵酒，青春做伴好还乡"。

从小到大的20多年里，我几乎一直循规蹈矩。别人上学我也上学，别人高考我也高考，别人上大学我也上大学，别人工作我也工作。种种原因，三年前我萌生了出去读书的念头。这种感觉是如此的强烈，以至于我觉得我都有点理解佛教故事里的"弘誓大愿"是什么意思了。这是我第一次自己决定自己走什么样的路。

这一路上的艰辛，说出来估计会很矫情。每个人都知道自己的道路有多么艰难，但既然决定了，就应该走下去。就像老罗从前教GRE的时候说的，"失败只有一种，那就是半途而废"。从那以后，我开始了上班画图，空闲时间学习的漫漫征程。三年的时间，做了几十个设计项目、考了GRE、考了托福、考了一级注册结构工程师、完成了研究生申请流程。这时候我才明白，从前的自己是多么的不努力，如果从18岁开始就这样努力，何至于会有今天？

但过去的终归已经过去，再也无法改变。我只能尽力去改变那些我能改变的未来。

本科成绩低、无实验室经历、无科研经历、无发表论文、无海外交流经历，这些是我的过去。托福三项满分，GRE数学满分，中国最年轻的一级注册结构工程师，佐治亚理工的博士生录取，这些是我的现在。我的未来，还在路的前面。

当然，很多事不能强求，我也不认同很多励志故事里舍家撇业、和男友/女友分手的桥段。对我来说，爱情和家庭是最重要的，也是我做所有这些事情的动力。我绝对不会本末倒置。从高中时候的初恋，一直走到今天的婚姻，成为彼此的精神伴侣，我觉得这是我最大的成就，甚至比留学申请成功还要好。

很多人不理解我，为什么要出去读书？有一纸证书，有接近五年的甲级院工作经验，不错的工作还是有很多的。可是，我不想要一眼看到头的生活。就像毛姆老师在《刀锋》里借主人公之口说出的，"你知道，我有个看法，觉得我这一生还可以多做点事情，不能够光卖股票"。我也觉得，我这一生可以做很多事情，我可以去看看这个世界，可以去"晃膀子"。

26岁的前几个月几乎是我至今为止最难熬的一段时间。隔三岔五的拒信，我心都快凉了。幸运的是，我终于收到了录取通知书，那些心血终于没有白费。对于我而言，前面的道路可能更加艰难。但我要做的，就是哪怕再难也要坚持下去。照顾好我的家庭，珍惜这次机会，完成漫长的博士生征程，真正做到学有所成。

就像毛姆写的："也许不太实际，另一方面也许很实际。总之非常之有趣。你决计想象不到读《奥德修纪》的原文时多么令人兴奋。仿佛你只要踮起脚伸出手来，天上的星星就能碰到似的"。

我也要去摸那星星，哪怕去的路上荆棘满地。

第二的哲学

美洲杯帆船赛是世界上影响最大、声望最高的帆船赛，它的决赛只有两支船队参加。由本届优胜者挑战上届冠军。有一年的美洲杯帆船赛决赛，由澳大利亚队挑战上届冠军美国队。

在激烈的第五轮比赛中，澳大利亚队因临时出错，比赛刚刚开始，就已经落后美国队37秒。两支船队都使用了最好的船只，都对风向风速做了仔细的赛前预测，看来，这场比赛，澳大利亚队已经很难取胜。这时，澳方的船长勃兰特做出一个重要的决定。

当时的风速，是有利于在河流的右岸附近行驶的，而美国队已经抢占先机，在河流右边寻得一处顺风顺水的宝地，保持领先地位。此时，澳大利亚队有两个选择：一、在河流右半边行驶，沿着美国队的轨迹，等待美国队出现失误，再一举超越，但这种情况的出现概率微乎其微；二、把帆船转到河流左半边行驶，虽然暂时风向不利，但只要风向转变，反而能获得一个占据有利河道的先机。但是转往左半边，无异于一场赌博，如果风向不改变，澳大利亚队会落得更远。

勃兰特跟随了美国队一段距离以后，根据自己对天气观测的经验，判断风向将有可能改变。他果断下令，将船只靠往河流左岸，实时调整船帆的转向，并等待风向的改变。美国队对勃兰特的这种"愚蠢的自杀行为"感到心花怒放。他们认为自己就要走向胜利了。然而，奇迹出现，风向转变了。澳大利亚队很快追上美国队，并以领先1分47秒的巨大优势，赢得了这场比赛。

在博弈论中，有这样一个"效仿第二名"的假设：如果你是第一名，你去模仿第二名的策略，就能保持领先。假使美国队在发现澳大利亚队将帆船转向左侧的时候，也随之调整到左侧，他们仍然还是领先地位。当风向转变时，也会将澳大利亚队抛在身后。可惜的是，美国队并没有这样做，他们认为澳大利亚队选择了一个愚蠢的行为。

第一名常常存在一个"心理疏忽"，他们认为第二名的能力不够或者运气不佳，或者认为第二名正在采取的是一种愚蠢的策略。他们是不会牺牲优势地位来效仿第二名的。

而第二名能够超过第一名的机会，也就在于此。正如勃兰特船长所做的，第二名的暂时劣势，反而给他带来一种策略上的主动。他冒险改变航道，换回的是有可能一举超过第一名的机会。很幸运，他成功了。

多付出一点点

　　张桥东开商店的时候，谁都不看好，都说他的生意做不大。因为，他所经营的商店处在深山区。

　　可没想到的是，他的商店开了没多久，就吸引了附近村庄的人纷纷前来购物。生意越来越好，由最初的3间开到了8间，每天忙忙碌碌，还雇用了两个伙计。

　　其实他经商的秘诀谁都能看得懂：价格便宜，货物品种齐全。

　　小到针头线脑，别人的商店里挣5毛利润的，他坚持比别人的低1毛。就是这一点点的利润，张桥东的名声越来越响，大家都知道，来他的商店里买东西，价格公道还能买到实惠货。同行说，一指甲盖的利润，小心眼而已。

　　后来他贩卖化肥，同样80元一袋进货，送到农户家中，加运费，别人卖90元，算起来挣不了多少钱，可他偏偏卖88元，同样送货上门。于是，农户们就常常等他的化肥，他卖了一车又一车，生意越做越好。别人见他只会便宜，就生气地把价格调整到

85元，结果他很快就卖78元，弄得附近的商贩都感到他可能有特别的进货渠道，也觉得卖化肥实在无利可图，都没兴趣做了。第二年，索性不做了。后来几年，附近几个村庄的化肥都是他一人垄断。实际上，他并没有什么诀窍，只是第一年比别人便宜的钱，都补上了后来不够进货的差价，弄得别的商贩搞不懂，主动给他让出生意来。其实，他只是比进货价格少了一点点。同行知道后说，鸡毛蒜皮，小点子。

开商店几年后，张桥东很快有了积蓄，他开始在几个村庄的连接处的山坡上开家具城。

这次，大家虽然都感到在这个山沟里制作家具没有前途，但因为是张桥东开办的，就总想到里面看看。结果，一来二去，看的人多了，买的人也渐渐多了起来。最初，他还是用价格比县城便宜一点点，吸引老百姓。老百姓不用到县城走那么远，一样能买到中意的家具，而且价格还便宜，自然乐意来他这里买。最重要的，县城买来的家具，往往都是2.2米，可他偏偏要把家具做成2.3米，比县城卖的家具高了一点点。而且，他制作的家具结实耐用，所以，好多在县城卖家具的经销商也知道了张桥东的大名，纷纷到他这里进货。

他的家具生意再次火爆起来。

家具行业的利润在前几年是十分可观的，有人进了他的货，他的所谓的高一点点就不成优势了。他开始在卖家具时送东西，别人很快也比照他的方法送礼物。

这样的效仿并没有难住张桥东，他开始在礼物上想办法，从结婚用的彩旗条、红灯笼、对联、红绸缎花，甚至到新娘新郎的胸花，他准备得一应俱全。总之，别人送什么礼物，他总要比别人多一点，别的商贩都在价格上想办法吸引顾客，可他偏偏在礼物上想办法。从他这里买家具的人，往往感觉自己没想到的事情，张桥东都替他们想到了，所以他的家具城生意越做越大，扩大到了附近几个城市。

　　看着他这么挣钱，好多同行都来讨经验，张桥东伸出一个手指头："多付出一指甲，就能得到一手掌。"其实这样的道理非常简单，但大家往往都追求利益的手掌，而不能够持久地让出那个微小的指甲。

　　舍与得，其实很简单，就看你是不是比别人多让出了一指甲。

大与小

几年前我在山西上班，公司离住处比较远，所以早上起得很早，来不及吃早饭，只能在街上随便买点卷饼吃，街上的卷饼摊很多，但是我发现有一家卷饼摊的生意明显要好很多，我觉得可能是味道好，所以决定去尝尝。

终于排队排到我了，我问了一下卷饼的价格，摊主说是五块钱，别的卷饼摊一般都是三块五毛钱，我想到一分钱一分货，有这么多人买，肯定错不了，于是要了一个，卷饼做出来以后让我有些惊讶，比别家的卷饼大出一号，我尝了尝味道，和别家的卷饼味道差不多，那为什么人们偏爱这家的卷饼呢？我有些好奇，便和排队的一位女士聊起了这家的卷饼。

我问她这家的卷饼比别家的贵，味道也并不比其他的好，为什么有这么多人来光顾。她回答道："别家的卷饼是三块五，但是一个吃不饱，只能买两个，两个就是七块，而两个又吃不完，只能扔掉浪费了，这家的卷饼大一号，卖五块钱，吃一个就饱了，既省钱又避免了浪费，所以我们更喜欢买这家的卷饼。"

这位女士的话让我恍然大悟，由衷地佩服这个卷饼摊主，他大一号的智慧使得他家的卷饼独树一帜，考虑到了顾客的实际情况，迎合了顾客的需求，生意自然就好了。

后来我回乡探亲，得知堂弟在大学城附近开了一家奶茶店，由于竞争对手多，生意一直平平淡淡，没什么起色，后来堂弟把奶茶杯子缩小，价格调低，生意就变得异常火爆了，我问他为什么，堂弟笑着说道："别的奶茶店的杯子太大，来买奶茶的基本都是女孩子，短时间内根本喝不完，又得上课，所以不能带回学校，只能浪费了，我的奶茶杯比别家的小一号，价格也低两块钱，姑娘们能正好喝完，既省钱又不浪费，大家都爱来我这儿买，生意也就火爆了。"

堂弟小一号的智慧也令人钦佩，和大一号的卷饼一样，小一号的奶茶也迎合了顾客的需求，解决了顾客实际的问题，也使得自己脱颖而出，大一号或小一号看似不起眼，却蕴藏着大智慧，在细微中改变，获得更大的成功。

给予和回报

最近，留意到两则关于沙漠、关于生命的故事。

一则故事说，在茫茫沙漠的两边，有两个村庄。要到达对面的村庄，如果绕着沙漠走，至少要马不停蹄地走上20多天；如果横穿沙漠，只需要3天就能抵达。然而横穿沙漠太危险了，冒险者无一生还。

有一智者，让村里人找来了几万棵胡杨树苗，以每半里一棵的密度一直栽到了对面沙漠的那个村庄。智者告诉大家，如果胡杨树有幸成活了，大家就可以沿着胡杨树来来往往；如果胡杨树不能成活，那么每一个行者经过时，都将枯树苗向上拔一拔，插一插，以免被流沙给湮没了。

结果，那些胡杨树栽进沙漠不久，全都被烈日给烤死了，枯枝成了路标。沿着这路标这条路，大家平平安安地走了几十年，当然，大家都是照着智者的意思办的。

这年夏天，村里来了一个僧人，他要到对面的村子去化缘。大家告诉他，你经过沙漠之路的时候，遇到要倒的路标，一定要向下再插深些，遇到就要被湮没的路标一定要将它向上拔一拔。

僧人点头答应了，然后，就带着一皮袋的水和一些干粮上路了。

他走啊走啊，走得两腿酸软，浑身乏力，一双草鞋很快就要磨穿了，但眼前依旧是一望无际的茫茫沙漠。遇到一些快要被湮没的路标，僧人想：反正我就走这一次，湮没就湮没吧！遇到一些被风暴卷得摇摇欲倒的路标，这个僧人也没有伸手去向下插一插。

就这样，僧人走到了沙漠深处。

没想到，静谧的沙漠突然间狂风大作，飞沙走石。许多路标被湮没和卷走了，没有了踪影。风沙过后，僧人像只无头苍蝇似地东奔西走。可是，他再也走不出大沙漠了。

在气息奄奄的那刻，僧人十分懊悔：如果，自己能按照大家吩咐的那样去做，即使没有了进路，还可以拥有一条平平安安的退路啊！

另一则故事是这样的：有个年轻人迷失在荒无人烟的沙漠里，拖着沉重的脚步，饥渴难忍，濒临死亡。忽然，他发现了一间废弃的小屋，在屋前有一个吸水器，于是竭尽全力去抽水，可是滴水全无。他气恼至极，万念俱灰。此时，他又发现旁边有一个水壶，壶口被木塞塞着，壶上有一张纸条，上面写着：你要先把这壶水灌到吸水器中，然后才能打出水来。但是，在你离开之前，一定要把水灌满。

他小心翼翼地打开水壶塞，里面果然有满满的一壶水。

他面临的选择是极度困难的。万一把壶里的水倒进去之后，吸水器还是不出水怎么办？这可是一壶救命的水啊！可是，可是……年轻人的心里惴惴不安。

最终他决定按照纸条上说的去做。

果然，吸水器中涌出了泉水，他痛痛快快地喝了个够！休息了一会之后，他把水壶装满水，像原来那样塞上壶塞。他十二分地感激前人的先见之明，并为自己正确的选择而兴奋。于是，他在那张纸条上又加了几句话：请相信，纸条上的话是真的，你只有把生死置之度外，才能尝到甘美的泉水！

同样是在困境中跋涉，两个人却因完全不同的心态而有了两种结果。前者告诉我，给别人留路，就是给自己留路；后者让我知道：虽然不是每次给予都有回报，但只有给予了，才会有回报。

静置的神奇

去冶炼厂采访，了解到铝合金熔炼过程中有一道静置程序，要将熔浆放在静置炉里等待一段时间，使材料精炼净化，从而生产出档次更高的产品。

这让我想到烹饪上也有许多环节是需要静置的。

譬如蒸蛋羹。在蛋液中加适量盐和温开水搅匀，静置十余分钟再蒸，这样蒸出的蛋羹软如凝脂，细滑爽嫩。

譬如，拍好的蒜末。蒜头用刀拍烂，静置10分钟，再下入欲起锅的炒青菜中，蒜香才更浓。

手工面、葱油饼、水饺、馒头等要用面粉制作的食品，和面成团后，都是要醒面的，醒面就是静置。静置是为了让面发酵，让面更有韧性，这样做出的面食才更软嫩、筋道。

肉食大多也是要静置的，为的是给肉食腌制入味的时间。把片好的鲜鱼片加调料、蛋清或生粉搅匀后，静置10分钟后再入沸腾的鱼汤里煮开，鱼肉异常鲜嫩，滑而不糜，这是水煮活鱼的鲜美之道。用炒香的米粉拌五花肉，静置20分钟再蒸，软而不腻，这是美味的粉蒸肉。宫保鸡丁也一样，鸡胸脯肉用刀把拍松，切成丁，加调料，用湿淀粉拌匀，静置5分钟后再入油锅爆炒，原本生涩的鸡肉便爽嫩无比。

前段时间，我买散装燕麦片来当早餐，得先烧油锅，然后加入鲜肉、鸡蛋、蔬菜或泡发后的海鲜干品与燕麦去水煮。本想弄这早餐会便捷些，却是这般麻烦，而且入口不爽，燕麦嚼起来有点儿涩。后来改为免煮的燕麦，冲入开水即食，倒是方便快捷多了，可吃起来淡而无味，还会黏牙齿。有天早晨，冲了燕麦后，给自己煎了个荷包蛋，然后再往燕麦里加入一匙炼乳。奇迹出现了，那燕麦的麦香与乳香扑鼻，燕麦柔软爽滑，入口即化，好吃。

原来是在我煎蛋时，静置的燕麦发生了神奇的变化。

食物的静置，是为了充分地发酵、渗透与融合，从而提升美味。

静置就是等待，是积蓄能量，是在爆发前的暂时冷却、酝酿与韬光养晦。犹如人生，犹如爱情，犹如事业，如果你屡战屡败，那可能是你操之过急了。不如给自己足够的静置与准备的时间，然后再去烹饪一道属于自己的人生美味！

活到点子上

什么叫活到点子上？就是觉得一辈子没有白活，幸福指数很高，心灵很充实，回头看自己的人生道路没有太多的遗憾，如果让你再重新过一辈子，你还是愿意这样生活。

这就是活到了点子上。

我的一个朋友有很强的经商能力，他如果做房地产生意的话，一定能够取得成功。但他梦想的生活是草原、天空和马，于是，在他捞到第一桶金后，他立刻停止了商场的搏击，到内蒙古买了一片连绵起伏的草原，然后盖起一个很美的小度假村，养了十几匹好马。每当春天来临，他就去自己的草场，过起海子想要的典型生活："做一个幸福的人，喂马，劈柴……"小度假村每年能够给他带来一些收入，去掉运营成本后还能剩下十几万，用来作为家庭的花销。他找了一个自己深爱的女人，女人也非常喜欢这种生活方式，所以两人在草原上流连忘返。

第二个故事是关于一本书，叫《背包十年》，是一个叫小鹏的青年的自述。小鹏是一个不喜欢工作但喜欢旅游的人，他最长的工作时间也就是三个月，每次工作只是为了给旅游筹资。只要拿到工资，他就立刻加入驴友的队伍，并以这样的方式走遍了世界各地。他的文字和摄影作品被一些国家的旅游局看上，他们给他提供资助，使他成了职业的旅行家。就这样，他圆了自己一辈子旅游的梦想。他有没有一个喜欢的女人我不知道，但我相信他一定有爱他的人与他同行。

讲完以上两个故事，就可以来做一下总结了。一个活到点子上的人大概需要三个要素：第一，有一个自己真心真意喜欢的事情，而且这个事情能带来经济收入。我的朋友喜欢草原，但同时还得靠度假村获得一定的经济收入，否则就活不下去；小鹏如果没有获得资助，也无法以职业旅行家的身份旅行下去。第二，对于财富、名望、权力没有过分的兴趣，更愿意追求内心的充实和满足。第三，有一特别值得你爱的人和你同行。这个人不是你的父母，不是你的朋友，而是你的爱人。

具备这三个要素，你就算真正活到了点子上。我把这个观点放到微博上，后面跟了几万条评论，大部分人说这三个要素看上去简单，实际上太难做到了。这表明大部分人都没有活到点子上。只要能做到三个要素中的任何一个，生命就会减少很多遗憾。

坚持的力量

想象一下，世界上最贵的剃须刀片价值几何？是英国雕刻家格雷厄姆·肖特卖出的刀片，4.75万英镑，折合人民币近50万元。这枚世界上独一无二的刀片，其独特在于，刀锋上刻着一行字，需要用400倍显微镜才能看清：一切皆有可能。

简简单单一行英文字母，肖特经历了无数次失败。刀片的刀锋，可以想象有多小多薄多脆。即使磕上个小石子，也有可能把刀片磕断或刀锋爆出个大口子，何况是精钢制成的雕刻刀与之对话。由于过于微小，注意力要高度集中，外界的一点声响，都可能极大地影响雕刻，甚至自身的呼吸，如果急促或节奏紊乱，都会使雕刻根本无法进行。但是，肖特没有放弃，而是每天坚持在夜深人静的时候，先静坐一个半小时，调整自己的呼吸和精神状态，到达平静的极点才动刀。经过7个月的雕刻，刻断150个刀片之后，终于成功。

与其说，是肖特雕刻技术的高超成就了这枚绝无仅有的刀片，不如说是他的坚持创造了奇迹。

肖特的例子绝不是独例。你见过3个手指的钢琴演奏家吗？香港的黄爱恩就是。

出生时，黄爱恩就双手变形黏连。经过多次复杂的割离手术，黄爱恩终于拥有了3个手指。如果普通人，3个手指，只要能活下去，活得好一点，就不错了，大概做梦都不会想到要去弹钢琴。

黄爱恩偏偏爱上了钢琴，偏偏就一门心思去练习。有人做过统计，要成为名钢琴演奏师，至少要练习2万个小时。但对于只有3个手指的黄爱恩，其练习时间则要高出常人4~5倍。为了克服手指不够用的难题，她还很聪明地左右手"借用"手指来演奏，而这种"借用"，无人能教，只能靠一遍一遍摸索、尝试，寻找规律。是坚持创造了奇迹，成年的黄爱恩实现了做一名钢琴师的心愿，同时，她还获得了民族音乐博士学位。

美国有一个普通的老太太，也用坚持创造了奇迹。她在报上看到有园艺公司重金悬赏征集纯白金盏花，便开始行动。家人都反对，理由很简单，多少园艺师、专家、园艺机构都没有培育成功，她怎么可能成功？

老太太不理会。第一年，她种下一片金盏花，把颜色最淡的那颗的种子留下来。第二年，她把去年留下的种子种下去，开花后又留下颜色最淡的那颗。就这样，她坚持了整整20年，终于培育出了纯白金盏花。

她的坚持，创造出的不仅仅是纯白金盏花，更是一个方法：

普通人如何做出在人们印象中只有杰出的人才能成功的事。

记得以前看过一个名人介绍自己成功的经验：做一件事，全世界最初有10万人参与。5年以后，因为太难，退出了9万人，坚持的只有1万人。又5年过去了，1万人里面只有100人在坚持。这坚持的100人，就是这件事上最顶尖的100个人了。再过5年10年，也许坚持的不到10人，那么，你就成为了这个世界在这件事上最有权威的10个人。

我们通常说，成功，汗水很重要，灵感很重要，天赋很重要。但是坚持，才能让汗水化量变为质变，才能让灵感有迸发的那一刻，才能让天赋有足够的时间去挖掘深埋地底的黄金。

请相信这个常识：坚持，才有力量创造奇迹。

金字塔顶的蜗牛

　　一支考古队，到胡夫金字塔考察。他们凭借直升机的力量，用吊绳攀上了金字塔的顶部。在他们不远处，几只雄鹰受了惊吓，落荒而逃。

　　在接下来的考古中，考古队员发现了一个不可思议的现象：在胡夫金字塔的顶部，有不少蜗牛的躯壳。这些蜗牛是如何从地面来到海拔136.5米，相当于40层楼房之高的金字塔？有人猜测，或许是雄鹰从地面叼上来的美味佳肴，但在每一个躯壳里，蜗牛的身体都毫发无损；那会不会是粘附在飞机的表面，最终坠落下来的？但是按照常理，飞机发动后，那股强大的气流，足以把蜗牛吹得无影无踪。随着考古工作的进行，不断在金字塔的中上部发现有蜗牛爬过的痕迹，还有许多粘附在塔体已经干枯掉的蜗牛。原来，这些号称爬行速度最慢的蜗牛，经过无数次的坠落，最终，竟是自己从塔基，一步一步，爬上了这个世界上最伟大的石头建筑，也攀上了自己生命的最高峰。

　　蜗牛向来以爬行缓慢、效率低下的反面教材著称。但正是这种看似懒散懈怠的小虫子，做出了连人类不依靠外力都无法达到的壮举。

蜗牛之所以能够攀上金字塔，就是缘于坚持。即使在这样的坚持中，也只有为数不多的蜗牛，能够巧遇阴雨，蕴蓄充足的水分，成功登上塔的顶端。在蜗牛的简单思维中，只有前进，没有后退。

很多时候，号称贵为万物之灵，并且统治整个地球的人类，倘若单从攀岩的角度和高度来看，其实和蜗牛一样微不足道。自从能够制造工具，人类就具有了超级的思维，并且懂得了迂回与退让。从某种意义而言，这是人类的幸运，也是人类的不幸。

这个世界上，每个人都期待做一只凌空飞翔的雄鹰。一种叫做生活的东西，却往往就是那么残酷。没有雄鹰的天赋，就要具有蜗牛般的毅力。只要拼搏奋斗、永不停息，终究可以留下一丝令自己感动的痕迹。

宽以待己

面前放着一份晚报，社会新闻一栏里，黑体标题触目惊心：只因英语未过四级，大四女生跳楼身亡。后面附有专家点评，大概意思是现在的年轻人面对挫折，心理承受能力真是太脆弱了。

可是我想，除了心理承受力脆弱的原因，更直接的原因是，对自己，要求太严格了吧？

一直以来，我们所受的教育都是：宽以待人，严于律己。记得小时候，亲戚家小孩儿来家里玩，一起吃小熊饼干，那个年头实在没有什么好吃的东西，我们越吃越来劲，结果把那一大袋饼干全吃完了。等亲戚走后，母亲让我跪在地板上，狠狠地责惩我。我大声哭泣、申辩：她也吃了嘛！她吃得比我多！母亲本来已经消气了，一听我这话又暴怒起来，劈头给了我一巴掌：人家是人家，你吃没吃？

那时候我就明白了：犯了错，就要勇于承认，即使别人犯了和你同样的错，你也不应该去追究别人，追究别人而原谅自己，是很可耻的行为。

我曾经因为考试成绩没有达到我给自己设定的名次，而惩罚自己连续一个月每天晚上绕着学校操场跑20圈；曾经因为把一位朋友倾诉给我的秘密不小心泄露了出去，而躲在房间里狠狠扇了自己十几个耳光；曾经因为在街上不小心随口吐了一口痰被同事看见，就甚至想过要辞职……

一直以来，我都不是一个很快乐和放松的人。因为我知道，一旦我做的事情，出了差错，或者是有一些小瑕疵，我不会原谅自己，我会在心里为此反复自责，反复假设：如果我再用心一点儿，再谨慎一点儿，那么这个差错一定是可以避免的！我会这样纠结上很长一段时间，才能慢慢从这种纠结中解脱出来。其实也不是解脱吧，只是时间长了，自责慢慢弱化了。但那个"结"始终压在心里，时间长了这些"结"在心里越积越多，让我差不多成了一个患得患失的很神经质的人。

直到有一次，那时候我还是一个出版社的编辑。有一次去向一位教授约稿，教授没时间亲自写，就把这差事交给了他的研究生，他把他的研究生聚集到一块儿，让我给他们讲讲具体的写稿要求。我在讲解的过程中，说错了一个字，就是"梦魇"的"魇"，应该读"yan"，我却说成了"yan"，就这么一个错误，对我来说却成了一个过不去的"坎"。我觉得自己太丢人了，人家那些研究生会怎么想？还出版社的编辑呢，还给我们讲解呢，一张口就是一个大错字！我寝食难安，几乎要疯了！

当我吞吞吐吐地向教授解释：不好意思啊……那天读错了

一个字……真是……都怪我没好好准备……犯了这样的低级错误……我紧张得浑身冒汗，教授看见我那样，一挥手：哎呀，是吗，我当时都没听出来，你这算什么，我给人讲课，几千人哪，还不是照样说错字，人家当场给我指出来，我就给人一鞠躬：对不起啊，下次改正！就过去了嘛！你这个女孩子，这样较真儿，活得太累！

那天，教授送我出门，说：我送你一句话，你回去好好琢磨琢磨——丰富的人生比正确的人生更有意义。

我突然有一种醍醐灌顶的感觉：是啊。人活这一辈子，如果没有尝过犯错的滋味、失败的滋味、被人嘲笑的滋味，那也够乏味的吧？

也就是从那以后，我彻底放下了心里的包袱，整个人的状态都变了，轻松、快乐、幽默，这些被我遗失已久的特质在我身上一一显现。我的口头禅变成了：先做吧，做了再说！是的，先做吧，无非是两种结果，成功或者失败，失败了又怎样？谁能保证不失败啊？我还没优秀成那样！

那位跳楼的女孩子，我想，她在平时的生活中一定是一个追求完美的人，她不能允许自己连一个英语四级都过不了，这份小小挫折被她自己无限扩大，直到无法承受。其实，在我们这些局外人看来，这有什么大不了的啊，为什么对待自己这样严苛？连一个努力改变的机会都不给自己？

宽以待人，也宽以待己吧！

挥洒人生的倔强

　　表妹的婚礼和无数模式化婚礼无异，明明还是那一套看腻了的固定程序，可当她发表恋爱感言时，我还是忍不住随着她的哽咽鼻子发酸，浑然不觉睫毛膏已经晕黑了眼睛的周围。

　　曾经一度，我还为舅妈惆怅万分地托我给表妹重新介绍对象不遂而心生歉疚，为表妹固执地坚持这段感情而忿忿不平，因为我的印象里，表妹的感情似乎一直游离在凑合、将就状态，为此我每每都会跟她多费些口舌，以异地恋、男不如女（学历）、经济基础薄弱这些所谓现实价值观的衡量标准一再苦口相劝，但网络那头的她会找各种理由搪塞，找不到合适的，工作太忙……如今，我坐在了婚礼现场，看着披着婚纱的表妹和不看好的妹夫幸福地交换戒指，心里真的只有喜悦。这个倔强姑娘的6年异地爱情长跑，终于被掌声、欢呼和祝福包裹。

　　1986年出生的表妹，个子不高、五官还看得过去，稍稍打扮一番也能列入娇小可爱之列，可如今在大街上但凡收拾就漂亮的姑娘一抓一大把，因此表妹从小就缺乏相貌带来的优越感，其至还对自己的身高面容感到小小的自卑。不过，这不影响她成为一个倔强又不服输的孩子，她肯花更大的力气在学习方面以弥补自认为的不足，直到高中，她的成绩都遥遥领先。但骨子里如影随形的自卑在高考时作祟，心理素质这个硬伤导致表妹成绩不理想。最终任凭大家游说她补习仍无济于事后，表妹毅然选择要通过自学考试拿到文凭。踏上首都那所末流大学前，她告诉我：姐，即使是走弯路，我也一定要追上去。

干什么呢？问这句话通常是在晚上10点后我看见表妹上线。她大部分的回答都如同复制般——自习刚回来。如果这样的问答发生在周末，她便回答得五花八门：带家教、促销、发传单……仿佛学校里贴的小广告上的职业她都尝试过。亲戚们曾不止一次地带着赞许提起表妹大学期间没有向家里要过生活费这件事。

时隔3年后，有一次，表妹略显迷茫地问我，到底考研还是找工作？我说明了自考生考研的诸多条件限制后，表妹坚定地告诉我她符合条件：自考本科双学历，而且考取了学士学位。那一刻，在无线网这头的我好像看见了表妹为迎头赶上而汗流浃背的样子。

毕业后，表妹回到家乡开始备考研究生。付出了比以往更多的努力，到头来命运还是和她开了个玩笑，别的科目成绩高高在上，英语却零分。曾听说过跨省邮寄考卷丢失事件，没想到也让表妹碰到了，陪表妹寻找成绩的过程中，她的不甘心让我欲哭无泪。曾经骄傲于英语4、6级一次就通过的表妹，最后被那所一流大学只判了40分，也给她判了考研失败的死刑。

那年春寒料峭时分，未来得及痛哭一场的表妹便打起行囊去了北京。找工作还算顺利，很快应聘到一家大型家具公司的人力资源部，从最底层做起，拿着微薄的工资，和人合租在单位附近一间低矮逼仄的小房子里，每天工作十几个小时，假期少得可怜，她说，反正男朋友也不在身边，这么多寂寞时光只好用工作打发。

两年前，她的QQ签名状态开始不停地变化，今天是"早上5点，青岛候车室等待南下合肥的火车"，过几天是"广州是个炎热的城市"……原来，她被调到了公司的宣传策划部，我打趣表妹岂不是可以经常到处玩，她严肃地说，每次行程安排很紧张，自己不是新闻专业科班出身，怕做得不够好，根本没有心思旅游，还不忘让我给她点意见，关于这个策划的着手点，写那个人物的切入点……我只是笑笑，知道她其实已经做得很好了。

没有蜜月，表妹和妹夫就一个南下一个北上。视频中的表妹身着职业装，简洁干练的短发一丝不苟，浅浅的笑容挂在略施粉黛的脸上，问及以后打算，她搁在键盘上的手停顿了一下，发来一句："再有两年他就军转业了，到时我们想买套房子在这定居啊。"我发过去一串笑脸，说，这样以后我去北京就有地方住了。

也许得不到父母资助，也许两人存款加起来只够在北京买一个卫生间，可这些又有什么关系呢？1986年出生的表妹，人生里还有挥洒不完的倔强和时间。

人生的下半场

赛场上的下半场，厮杀激烈，是决定比赛结果的关键时刻，是白热化的沸腾。那么人生的下半场是一种什么状态呢？

如果按照平均年龄80岁来计算，我已经进入下半场了。在我的上半场，我从一个山里的孩子，成长为一个在中国默默无闻的小作家，我的知名度也只限于在我老家那个村子里被传来传去，所以，我有时惭愧地感到，我真像一个骗子。

一个站在纸张上的孱弱文人，一个眼神梦幻迷离的人，能为老家的乡亲们做什么呢？尽管在国家级的报刊上，我发表了很多文章，但那都是一瞬间的烟花。有一次，我从一个垃圾站路过，正好看见一张发表了我文章的报纸，被一个拾荒的老人用铁钩钩到竹筐里。老人在风中翻飞的白发，远比我的文字沧桑得多。

我的肉体享受物质带来的快感，精神享受想象、阅读、写作、情爱、名誉带来的快感。从来没有什么不朽，这是我在人生上半场彻底明白的道理。其实我用这种腔调表白，还是有一点虚伪的。我的朋友付力说，人只有进入火葬场时，所有的恩怨情仇，所有的浮名实利，才真正戛然而止。

在人生的上半场，当然有很多理想和梦想。梦想的实现，往往伴着很多艰难、辛酸和挣扎。很多成功者的背后，是一条荆棘丛生甚至血淋淋的路。人生的上半场，一些世俗的成功，大多是名利的一次盘点。而真正的自由和幸福，我想，应该是在人生的下半场。

一个中年朋友和我在湖边的桂花树下喝茶，他对我缓缓说道，人的每一种身份都是一种自我绑架，唯有失去才是通向自由之途。我大惊，他竟说出这样一句富有哲理的话来。半个月后，朋友突然给他老婆留下一张字条——他到一个庙里去了。他吃素食，念佛经。可就在他焚香叩拜时，他脑子里乞求的还是生意发达。论财产，他早已是富翁了。这样说吧，在我出于锻炼目的汗流满面地打乒乓球时，他已经坐飞机如打的，在南方的大草坪上打高尔夫球了。后来，他感觉索然无味了——人干嘛要把一个球反反复复打入黑洞里？朋友从寺庙里回来了，他说："我得继续在红尘间挣扎与修炼。让我把名利缠身的衣服一件一件慢慢脱掉吧，最后，换回一个完全自由之身。"

梦想，是人类前行的车轮。可梦想也如那烟花，妖艳妩媚。在人生的下半场，我唯一能够独立完成的事情就是：在人生的河流里，分清楚哪些是梦想，哪些是欲望。正如我怀着美好的心情，远望一条河流，分辨哪些是飞溅起的浪花，哪些是随波泛起的泡沫。

在我人生的下半场，我偶尔与平庸对抗，但我终究是一个平凡的人。我挣扎的次数逐渐减少，我要和我的世界达成和解与妥协。我可能还在为生存奔波甚至流泪，但我要做一个明白人，我至少要为生活静默而欢喜，并鞠躬致谢。

人生需要刺激

　　1999年6月，离高考还有一个月时间，我离开学校到矿上顶了父亲的班。因我考大学无望，除了看小说外，数理化成绩一塌糊涂。父亲也不抱希望，所以他干脆早点从矿上退下来，让我顶班，也算解决了我的工作问题。

　　就这样，我的生活轨迹沿着父亲的路开始了。如果没有意外，工作三四年后我会找个女人结婚生子过日子，像许多矿工的子女一样。

　　我的工作内容简单枯燥，在一个黑黑的小房间里，通过窗口为矿工们发放劳动工具：矿灯、皮靴、铲、炸药等。这工作孤独、远离人群，但很多人羡慕，因为相比那些下矿井的工人来说安全、轻松。

　　把工人们的东西发放完后，我就闲下来了。这时我可以用矿灯照着看书。每天上班前，我都会准备好要看的书和本子，用它们来打发寂寞。但我极不甘心自己在矿山里这样呆一辈子。父亲的生活给了我许多阴影，他工作之余就是和矿工们喝酒。矿山里许多人迷恋赌博喝酒，因为这两样东西可以暂时麻醉神经，忘掉矿井下那些沉重的体力劳作。在我没有找到更好的出路之前，我必须找到一个能抵抗这个世俗环境的东西，让自己在精神世界上远离他们，看书、写字成了我唯一的精神支柱。

我心里存有一线侥幸，希望通过写作走上未来光明的道路。虽然我资质平庸，但它代表了我对生活的全部梦想和渴望。我也向往外面的世界，但我不敢贸然辞职，工作是用砝码换来的，父亲那么早退休的意图就是想让我有一份衣食无虑的保障。

在这样的矿上我的言行显得和这里的氛围格格不入。还好，和我一样热爱写作，幻想用写作来改变命运的还有我的高中同学潘江。我们同病相怜，功课一塌糊涂，都是顶父亲的班在矿井里混口饭吃的子弟。

我俩常常一起到山上阅读，在树荫下，在山冈上，在黑漆漆的矿洞边……精神贫瘠的矿山，看书、写作是两个少年全部的梦想。潘江需要下井，他常常一身黑黑的只露出两只眼睛和一口白牙，笑呵呵地从矿井出来，约我去矿井后的山坡上看书。他太渴望通过写作改变自己，他不止一次告诉我他讨厌眼下的生活，讨厌每天下矿井和里面的黑暗，他说他要经过无数的磨难后写出鸿篇巨作，冲出一片精彩的人生。我并没有他那样狂热，也许是我不用下矿井的缘故，肉体和精神上的折磨比他少。大多时候，我看书是用来排遣孤独。

2003年8月的一个早晨，和往常一样，我穿着结满汗碱的工装，走进那间幽暗的小房子，把各种工具分发完后，我开始静静地看书。没想到这时矿井下几十米的潘江已经和死神狭路相逢。

这几年矿山效益好，不断开发新矿井，潘江那天正好负责挖掘一小堆矿石去化验纯度。我并不知道矿井下到底发生了什么，只听到一声闷响后，新开的矿井沸腾了。所有人都赶往发生矿难的洞口，组织救援。

我守在洞口一直没有离开，救援持续了40多个小时。矿友把潘江从井下挖掘出来时，他的两条腿和他的身体已经被炸得几乎一分为二。我呆住了，大脑一片空白。命运在这一天让潘江停止了呼吸，剥夺了他美丽的梦想，他才21岁。在矿山的那些年里，我见过、听过无数人的死亡，但这一次忽然觉得心如死灰。

2003年，潘江短暂的一生永远消失了。那天清晨，我产生了强烈的恐惧，我甚至没有勇气走到潘江的遗体边。参加完潘江葬礼的三天后，我不顾父亲的强烈反对，辞掉了他苦心让我顶替的这份工作。

我在那儿工作了四年。工作轻松，报酬相对不错，令人羡慕，但我决心告别它。我不知道某天死亡会不会突然降临到自己头上，我更不知道潘江离开后，谁还能和我一起看书，谁还能给我精神上的慰藉。

一个人的死亡刺激并改变了另一个人的人生。这些年里，我从一个小小的文员做到拥有自己的文化公司，我最庆幸的不是自己物质方面的改变，而是我的精神日益丰盈。直到现在，我仍经常想起潘江。如果不是因为潘江的离去，我大概会一直在矿山待下去，结婚生子，开始父辈们的循环。

对于缺乏勇气的人是需要刺激的，但是对于我来说，用生命换来的刺激实在太过沉重。也许人生就是这样，只有抓住那深沉黑暗后面的阳光，猛然醒悟，才能直面残酷，并且日益驱散浓稠黑暗，将刺骨严冬涅槃到春暖花开。

如何成为巨人

大概每一个人在孩提时，都做过巨人的梦。

儿时的一天，晚饭后，我缠着父亲讲故事。"爸爸，讲巨人。"我说。爸爸和我坐在门前的小河边，爸爸的声音像那河水温柔而低沉。

"从前，一年的端阳节，有一个小男孩让父亲带着去看龙舟竞赛。来到村前的小河边，只见同往年一样，岸边人山人海，一堵堵人墙挡在了他们面前。

"河中鼓声咚咚，锣声镗镗，人声鼎沸……只听站在前面瞧得见的人说，看，那是5只龙舟同时开赛。这时，父亲将儿子挺举起来，放在自己肩上。于是，男孩便不停地为父亲描绘火爆热烈、扣人心弦的场景。

"男孩有些洋洋自得，开始嘲笑那些踮着脚尖，抓耳挠腮也看不着精彩赛事的人。"

这时我对父亲说："男孩忘记了自己是坐在父亲肩上，是因为父亲，他才能看到别人看不到的东西。"

父亲说："孩子，其实，'巨人'只能是一种智慧的结合。"

长大后的今天，我又听说了这样一个故事。

菲律宾的海洋学家兼海洋摄影师史蒂芬到菲律宾的宿务岛，一天，他潜入海底后，在一条3米多长的大鱿鱼快要游过来时，他的面前突然就出现了一条近30米长的大海豚。哪来这么大的海豚呢？

仔细一看，史蒂芬竟然发现这条大海豚的尾鳍少了半片。但一眨眼间，那半片少了的尾鳍就"长"圆满了。直到这时，史蒂芬才吃了一惊：这根本不是大海豚！而是由一大群小沙丁鱼组合而成，那片"尾鳍"是由原先处于腹部位置的沙丁鱼游过来补上的。

更让史蒂芬目瞪口呆的是，这些沙丁鱼组成的"大海豚"，可以完全模仿海豚的游动姿势。瞬间，奇妙的一幕就出现了：那些巨鱿本来是冲着一大群沙丁鱼来的，可刚才还是黑压压的一群沙丁鱼不见了，却突然出现了一条比自己身体大数倍的大海豚。巨鱿在愣了片刻后，面对巨人般的海豚，随即落荒而逃。巨鱿哪里知道，这大海豚，其实是沙丁鱼摆起的"迷阵"。

在接下来的日子里，史蒂芬发现，这些沙丁鱼还会根据出现在它们面前的敌人的体积大小，而排列起鲨鱼甚或鲸鱼的形态。那些"大鱼"惟妙惟肖的泳姿，直让一个个试图吞食它们的天敌们吓得掉头就跑。

史蒂芬终于明白，在变幻莫测弱肉强食的海洋世界，最大不过20厘米，也没有什么杀手锏的沙丁鱼，不仅没被那些庞然大物吞食尽，反而成了海洋里的大家族，原来凭的就是智慧与合作。

　　善于借助他人，发挥自己的智慧与力量，你也能成为巨人。

第三章

为明天筑起台阶

人生的轻盈

　　到浙江浦江县去旅游，在那里见过的异性，给我印象最深的，竟然是一位长得有些胖的女孩子。她作为一个导游，在陡峭险峻的栈道上、山道上，那种一路小跑着往上冲的轻盈步履和身姿，让我每每想起来，都觉得特别的引人遐想，耐人寻味。

　　那是去登仙华山。开始往上登的时候，脚下的路还不费力气，我还有足够的兴致说话。于是我笑着跟这位二十出头的导游说："导游啊，我想跟你提一个问题，可我又怕冒犯了你。"

　　"你提，没关系的。"导游很大度地说。

　　"我看到好多的资料，都说登山有利于让身材变得苗条——"我试探着说。

　　她立刻笑着说："这个，不一定的，我当导游后，体重反而增加十多斤。"

　　"哦，反而增加了十多斤？"这多少让我感到意外。

　　"可能是每天爬山，反而比以前吃得更多更香，睡得更熟了吧。"她说。

山渐渐地陡了起来。又走了一段路，我们被导游带上了那种修建在垂直的悬崖上的栈道。是用钢筋水泥修建的。当栈道像悬空的楼梯往上延伸的时候，连我这个在青海当过兵、打过隧道的人，腿都不由得有些发软，头也有些晕。我一步一步地，走得很慢，很谨慎。

这时候，就见这个长得很有些胖的导游，在举着话筒介绍过景点之后，就在我们前面的悬空栈道上，一路小跑地往上冲去，她的那种步履和身姿轻盈得就像一只以深山老林为家的小动物，哪怕是在悬崖峭壁上跳来蹦去，也是那么安闲自在，活泼愉悦。

一时间，不仅我看得目瞪口呆，其他游客也张大了嘴巴。当我们打着啧啧，夸奖、赞美她的时候，她只是笑着问我们："像不像武侠小说上写的凌波微步？"

"像！像！"好几个旅客都点头，我笑着说："你跑起来的那种轻盈，真是太美了！我想知道，一个人要在这样的山上爬多少次，才能拥有你这种轻盈？"

她笑笑说："三百多次！至少，我已爬了三百多次。"

我深深地点头，说："我懂了，我知道轻盈是怎么来的了。"

从此以后，当我再看到表现在演员身上的那种载歌载舞流光溢彩的轻盈，表现在运动员身上的那种动如脱兔静若处子的轻盈，表现在演讲家身上的那种滔滔不绝收放自如的轻盈，表现在画家书法家作家艺术家身上的那种思接千里成竹在胸、下笔如神的轻盈……我就知道人家在那个特定的领域，已经翻过了多少高山，爬过了多少绝壁……

我特意跟那个导游合了一张影，我要把她在悬空的栈道上快步如飞的故事，讲给很多人听。

有选择才精彩

我6岁的时候，母亲要我去上钢琴课。她不问我是否喜欢乐器，也不问我是否喜欢弹钢琴，她只是替我做了决定，我要去学一种乐器，而且这种乐器一定是钢琴。所以，大约有两年的时间，我每周六的上午都会去钢琴老师家心不甘情不愿地学琴一小时。

两年中，我一共有过两位钢琴老师。第一位是年轻的女老师，非常严格，动辄训斥我，甚至用尺打我的手掌。我恨弹钢琴，回到家，有时会向母亲抱怨，但是我会再一次挨打。第二位钢琴老师也是女性，非常有耐心，即使在我反复犯错的情况下也是如此。我喜欢她，但是仍然不喜欢弹钢琴。两年后，母亲规定我每天弹琴一小时，毫无商量余地。我讨厌这样的生活，但也没有办法逃避。后来我上小学了，我哭闹。终于我得到了外婆的同情，她与我母亲吵了一架。我的"音乐生涯"就此止住。那年，我8岁。

现在回想那段时光时，我问自己一个问题："为什么我要有那样的两年时光？”现在答案很明显：我没有选择的余地，所以我痛苦了两年。去年我在参加一位朋友的婚礼时认识了一位女士，成了不错的朋友。她对我说，她的男友向她求婚了，但她还没有答应他。无论与他相处多久，她可能都不会产生那种放电的感觉。她想离开他，交新的男友，但是她下不了决心。“是什么让你下不了决心？”我问。她说她觉得自己没有选择的余地。

“如果你离开他会发生什么事呢？”我问她。她回答说，他会不断地来找她，央求她，而她则最终会心软。感情的事，我不便妄加评论，但是她并不是没有选择余地，因为她不是小孩子。我们的命运有时就是因为一次选择发生了根本变化，无论多难，也要敢于选择。

曾经有12年的时间，我经常将自己关在家里，足不出户，除了整天躺在床上，我感到自己是一个没有用的人，做不了任何有意义的事。我在忧郁中变得更加茫然和消沉。我不知道上帝为什么让我来到这个世上成为一个行尸走肉，有时我真希望晚上睡下后第二天就再也不会醒来。

有一天，我的母亲掀开我的被子，对我的碌碌无为一顿斥责，然后扔给我一份广告。我对母亲的态度充满了逆反，但是广告的内容让我眼睛为之一亮，这是某公司培训推销员的广告。我觉得我挺适合做一名推销员，就是从这则广告，我开始走上了优秀推销员的成功之路。

现在，我经常想，如果我当时不去接受培训，还会有现在这样成功的事业吗？在赌气和接受培训两者中，我选择了后者。我们的生活就是这样由各种选择构成。比如，你可以选择读我这篇文章，也可以选择不读；你可以选择将整篇文章读完，也可以选择在任何一处你觉得无意义的地方丢下文章。你会做出什么样的选择呢？无数个这样的选择构成了你的命运。

有准备的人生

那时，山里还出没着很多野兽。村里的猎人捕获猎物最常用的工具是兽套，他们在猎物经常出没的草丛间、树林里埋下兽套，猎物一踩上它，腿就会被牢牢地夹住，挣脱不得，从而被猎人们手到擒来。

爷爷是村里最有名的猎人，每天都是他捕获的猎物最多。一次，我问爷爷："你是村里捕猎的第一高手吗？""不是。"爷爷说。"那为什么你每天捕获的猎物，比村里的任何猎人都多呢？"我不解地问。"爷爷捕获的猎物多，不是捕猎的技术比他们高，而是爷爷放的兽套多，别人放一、两个兽套，我就放三五个兽套。每个兽套都可能捕获一只猎物，兽套放得多，捕获猎物的可能性也就越多。"爷爷说，"孩子，爷爷靠的就是多放几个兽套的窍门，而比别人捕获了更多的猎物啊！"

爷爷说的"多放几个兽套"，不就是多准备几份备份么？人生的备份准备得越充足，人生成功的概率就越大，人生成功的机会就越多。

从爷爷的捕猎，我想到了父亲的魔术。小时候，看父亲表演魔术，总认为父亲无所不能，想要什么就能魔幻般地变出什么。

　　一次，父亲带我去登山。途中，我又饥又渴，便想要父亲变出苹果来，父亲却说他不能变出苹果。我认为父亲是在撒谎。我曾见过父亲在台上表演，想变什么就能变出什么，彩带、苹果、鲜花、鸽子……应有尽有，好像他那神奇的帽子里、衣袖里，有着无限的宝藏。

　　"孩子，真的，我真变不出来。"父亲极认真地对我说。"在台上表演，你怎么变得出来呢？"我委屈得眼泪都快要掉下来了。"在台上表演能变出苹果，那是因为，我在后台就准备好了苹果。"父亲解释说，"孩子，天下没有这样的好事，你想要什么就有什么。无论做什么事情，你想要什么，你就得先准备什么，天下从来没有免费的午餐。"

　　想要什么就得先准备什么，父亲的话，道出的不只是魔术表演的奥妙，更是阐释人生成功的秘诀所在——收获的人生总是有备而来。

找到失败的理由

在非洲大草原上，野牛和狮子是对头，两者对决，食草的野牛面对牙齿锋利的狮子显然是弱者，因此上，野牛往往就会成为狮子的盘中餐。

不过平均身高1.7米、体长3.4米，平均体重有900千克的非洲野牛也不好惹，尤其是它们成群生活在一起，力量就不容小觑，当它们发起时速高达60公里的集体冲锋时，任何动物都有可能被踏成肉泥。因此，面对成百上吉的野牛群，单独的狮子再强大也是不敢轻易发起攻击的，它们必须几头一起齐心协力才有可能享受到一顿美餐。同志是乎，在非洲大草原上，野牛君和狮子君追逐争斗的场景每天都在上演，场面惊心动魄、蔚为壮观，它们之间的斗智斗勇，不亚于人类间相互进行的惨烈战斗。

数量上处于劣势，狮子君要想战胜野牛群，它们经常采用的战法就是在运动中独立一个敌人消灭它，在追逐的过程中，狮子们选中一个对象后，就会逐步把它从牛群中分离出来，几头狮子对阵一头野牛，那这头野牛基本上就摆脱不了被吃掉的厄运了。

野牛被孤立后，大部分情况下其他野牛是事不关己、高高挂起，任凭同伴在狮子们的合作中被一口一口吃掉，自己仍在旁边优哉游哉地吃着青草。不过，有时候野牛君也会团结一致来营救被孤立的同伴。这时候，面对野牛君发起的集体冲锋，狮子的牙齿再锋利也得退避三舍。一旦被孤立的野牛重新融入牛群，就预示着狮子的这次奋斗以失败而告终，要想填饱肚子，就必须重新开始。但狮子也有幸运时候，有次狮子孤立了一头还未成年的公牛，眼看就要成功了，这时野牛群对狮子发起了营救攻击，狮子们见状不得不放弃到手的美食四散逃开。就在狮子们要失望时，一头参与营救的野牛一不小心把已经受伤的小公牛给撞翻在地。小公牛被撞得翻了几个跟头后再也站不起来，狮子群则远远地静观野牛群的变化，慢慢野牛群决定抛弃这头受伤严重的小公牛。就这样，狮子们靠野牛的失误轻易得到了一顿美餐。

　　野牛有牛脾气，发起脾气来不认输；狮子其实也是有牛脾气的，有时候它们锁定了目标以后是不达目的不罢休的。有次狮子们相中了野牛群中的头牛，三番五次发起冲击，次次都能把头牛给孤立出来。头牛也不是好惹的主儿，它体重将近一吨半，牛脾气一上来，左冲右突，每次都能把狮子们打败平安回到牛群中，受到热烈的欢迎。不过时间长了，头牛也慢慢有点体力不支了，这次它在牛群的帮助下好不容易回到牛群中，还没喘口气，一头同样体型的公牛猛地向它发起了攻击，硬生生把它顶出牛群。原来这头牛是头牛的王位竞争者，它瞅准时机，该出手时就出手，决定借助狮子们的力量消灭头牛，自己登上王位。这回王位竞争者得手了，被顶出牛群的头牛精疲力尽，再也没有反击的能力，只得任由狮子们来宰割分享。

　　非洲大草原上每天演绎的生死对决告诉我们，弱者要想生存下来不被强者所吞噬，唯一的办法就是团结起来抱成团，一旦各自为战、失误不断或起了内讧，等待弱者的将会是被各个击破的命运。

怎样满怀自信说心声

我多年来饱受寻求他人肯定之苦，因为总想得到他人的肯定，所以从不敢明确表达自己内心的看法，害怕冒犯他人，甚至引起冲突。结果，我成了被轻视的对象，而实际上成了自己胆小个性的牺牲品。不敢做自己，仰承他人鼻息过日子，心中不安、压抑、混乱。学会尊重自己的价值和愿望，在生活的每个领域中都有一种涟漪效应。我要自由地做自己。下面谈谈我关于怎样满怀自信心说出你的想法的10个方法。

1. 你的感受与需求和他人的感受与需求同样重要，不要总是认为自己的想法和感觉不重要，从而轻易加以否定，你要珍惜它们，明白自己和他人都是平等的，你的所感所想值得他人知道。

2. 你不会因为说出自己的想法而受伤，我曾经认为他人会因为了解我的真实想法和意见而受伤，直到真正说出来，我才明白情况绝非如此，我不但没有受伤，反而变得更有活力。

3. 如果他人不同意你的看法，你也不会受伤。我曾以为没有他人的赞许我会垮下去，可一旦我心甘情愿去接受，因为他人不同意自己的看法而带来的那种初期不适，我就变得更加强大，而对这样感觉的恐惧则变得更弱。

4. 一旦你本色表现，周围的人起初会感觉不舒服，但要调整、适应的是他们。我非常欣慰的是不论他们因为"新我"感到多么大的威胁，一旦我坚持做我认为正确的，他们就会冷静下来适应我新的行为方式，事实上还会为此更加尊重我。

5. 做真实的自己并因而兴旺发达取得明显进步，你就树立了一个能够激励他人敢于迈开第一步做出改变的好榜样，你因为改变馈赠给自己的礼物，也是赠送给他人的。

6. 没人负有揣摩你心思的责任，你必须自己大声地说出来。自己不愿意表达所思所想的时候，不要责怪他人不肯按照你的所思所想行事。令他人感觉难过，仅仅因为他们尚未读懂你的心思。我再也不会感到"被人误解"了，因为我已经习惯于大声说出来，给他人理解我的机会。

7. 怨恨的根源是不肯说出来，所以也就没人听到，它会蚕食你的灵魂和健康。要敢于与他人交流内心的想法，坚定起来继续前进，才是改变现状的最好办法。

8. 要肯于听从他人意见。我也曾经沉溺于自己的所感、所言，对他人的想法和感受不予理睬。当我把关于自己的所有想法抛开，真正倾听他人意见的时候，我发现实际上他人也愿意听听我的意见。

9. 说出你的心里话，怎么想的就怎么说，不要说我的意思是……人们不敢诚实坦率，累积起来就是恐惧和怨恨。他们模糊了自己的感受，常常因为表达不到位而冒犯他人，所以要学会直截了当、心怀善良、礼貌得体地说出你的真实意思。

10. 刚刚学着表达自己的时候，不要惧怕因为词不达意而献丑，这不是个容易的转变，开始时你可能颠三倒四，表达不清甚至被人吐槽。他人不同意你的意见并不意味你的意见就是错的，不要道歉说"这样对你说可能有些愚蠢，但是……"也不要在表达自己与他人的不同意见后把话拉回来，"你是对的，我错了，真不知道刚才是怎么想的。"挺起胸，抬起头，任何人都会尊重敢于冒险说出少数派不同意见的人，你会吃惊地发现，渐渐地很多人会站在你的一边，你实际上说出了大多数人的心声。

再坚持一下

21岁的时候，我升任公司最年轻的部门主管，开始掌管品质部。每天带着一帮比自己年龄大很多、经验也丰富很多的下属工作，本身就压力山大，最难的是经验和资历都欠缺的我，还要与一众难搞的部门去交涉各种难题，推动各种项目进行改善。

那时，每天早上我都难道想跳楼。但能力不是着急就会有的，所以，我唯一能做好的事情，就是调整好状态，让自己精神饱满、满腔热情地去上班。每当受阻时，我就对自己说：没关系，再坚持一下，再试一次。渐渐地，竟然真的向好的方向改变了。

离开原公司后，一次，与老同事相聚，聊起往昔，很好奇，他们当年怎么会支持我这个三无（无学历、无经验、无背景）人员的工作呢？答曰：你的坚持和热情。他说：那时候，我们不服气，故意给你难堪和难题。我们常打赌，第二天，你一定会放弃的。结果你没有。每天早上见到你，都意气风发，热情洋溢，一副从不曾受过打击的样子。为此，我输过很多餐饭。我是被你的坚持和热情感染，慢慢改变态度的。原来如此。

后来，做过多种职位，经过了多份工作和岗位的磨砺后，我有机会去一家公司做总经理。这次，我面临比任何时候都大的挑战：公司在内地一个比较小的城市，招不到一个有相关经验的员工，只有一位曾经做过类似产品的管理人员。

所以，我只好自己每天带着一帮新招的应届毕业生，把他们分成技术、品质、生产团队，在生产线上一边培训，一边生产。有半年多的时间，每天都忙到凌晨两点钟以后才能离开车间。早上，我还要针对前一天的问题，再结合现场当天的需求，讲解相关的知识。

当公司进入正轨以后，改为每周全员培训半天，所有的教材都是我根据公司发生的事例写的。如此，一直坚持了三年。收获是：我带领着这家公司从天天做废品的行业新兵，以一匹黑马的姿态进入了这个领域，公司一年半后获得了几千万元的风险投资。另外一项收获是我的那些教材被清华大学看中，整理成书出版。如今，在当当卖成了畅销书。

我离开公司后，很多朋友和曾经的同事问我："你这样做，累不累？""如此付出，值不值？"我的答案是："累！""值！"这是我真实的想法和看法。我总觉得，在工作上没累过，没有全力以赴过，不曾有过筋疲力尽的感觉，不曾激情四射，酣畅淋漓地做过，是一种遗憾，甚至是一种失败。尤其是一个男人，一生三分之一乃至更多的时间是在工作，竟然有很多人会抱怨工作，逃避工作，这让我觉得匪夷所思。

工作和家庭是两个支柱，几乎支撑起了我们的整个人生，也就是说，工作是家是否幸福的另一个基础。从某种意义上讲，一个在工作中不能全副身心投入的人，当他离开工作现场的时候，也无法将全副身心放在对家庭的照顾和呵护上。负责任、全身心投入是一种技能，也是我们要在职场取得成绩、在创造幸福家庭过程中所必须具备的基本素养。

如果能理解我的想法，你也就能理解为何在做好一件工作上，推进一件事情上，改善一个项目中，我是如此的坚持，如此的百折不挠；当一周的工作结束后，无论在哪里，无论多晚，无论多大的事情发生，无论是开车还是坐飞机，我都要赶回家陪家人。

遗憾这种东西，如果你能预防，就尽量不要让它嵌在你的工作里，更不要让它爬上你家幸福小屋的窗台。退而求其次，如果能力所限，你不能消灭它们，至少，你不能放纵它们。在该做好的事情上，努力坚持做到最好。如果说人生真有收获的话，这可能是我到这个世上36年来，自己感悟和收获到的最有价值的东西。

绕过去的高斯

科学家曾做过这样的一个实验。

在离花盆不远处放有食物，将行列蛾幼虫引诱到一个花盆的边缘，因为行列蛾的幼虫有列队尾随的习惯。

幼虫有规有矩地沿着边缘围成一个圆爬行，一个尾随一个爬行数十个小时，也没找到想要的食物，最后又累又饿而死去。

如果其中有一只幼虫破除尾随的习惯，其他方向爬行觅食，或许这个群体就会得救。可惜，它们没有这样做，面对咫尺之遥的食物，只好"全军覆没"。

不绕弯子，行列蛾幼虫难以逃脱"全军覆没"的噩运，就连著名数学家莱昂哈德·欧拉差点也走进了穷途末路。

有着"数学王子"美称的欧拉，在探求12次方程的计算方法时，却遇到了"瓶颈"。原以为十天半个月就可以解决的问题，一个多月了，欧拉还未从原来的算法中解脱出来。欧拉夜以继日地推算，终于找到了答案，可他却落下个"一步走到黑"的笑话——本来视力不好的他，因为没日没夜地推算，结果双眼都弄失明了。

时隔几十年后，后生高斯听说这道题曾难过前辈欧拉后，他就较上劲来了，探求12次方程的计算方法真的这么难吗？欧拉几个月才拉下的问题，我要在一天之内弄出来！

一天时间！对于高斯来说，还是个极其保守的数字。真的动起笔来，一个困扰欧拉多时的难题，高斯却只用一个小时给"拉下"了。

整个数学界轰动起来！

高斯为什么算得这么快？我们来听听高斯的解释："一切都不奇怪，要是我不改变计算方法，朝着欧拉的老路走下去，也许我的眼睛也会瞎。我并不比欧拉聪明多少，我只是学会了绕过去的解决问题的方法！"

在遇到困难时，不妨学学高斯，绕过去如何？

人生路上的三道门

从前有一位王子，他在踏上人生旅途之前，问他的老师——释迦牟尼佛："我未来的人生之路将会是怎样的呢？"

佛陀回答说："你在人生之路上，将会遇到三道门，每一道门上都写有一句话，你看了就明白了。我会在第三道门的里面等你。"

于是王子上路了。不久，他遇到了第一道门，上面写着："改变世界。"于是，王子开始按照自己的理想去规划这个世界，将那些看不惯的事情统统都改掉。

几年之后，王子遇到了第二道门，上面写着："改变别人。"王子便开始用美好的思想去教化人们，让他们的性格向着更正确的方向发展。

又过了几年，他遇到了第三道门，上面写着："改变自己。"王子想：我要使自己的人格变得更完美。于是，他就这样去做了。

后来，王子见到了释迦牟尼佛，他对佛陀说："我已经经过了我生活之路上的三道门，也看到门上写的启示了。我懂得与其改变世界，不如改变这个世界上的人；与其去改变别人，不如改变我自己。"

佛陀听了微微一笑，说："也许你现在应该往回走，再回去仔细看看那三道门。"

王子将信将疑地往回走。远远地，他就看到了第三道门，可是，从这个方向看过去，他看到门上写的是"接纳你自己"。王子这才明白他在改变自己时，为什么总是处在自责和苦恼中：因为他拒绝承认和接受自己的缺点，所以他总把目光放在他做不到的事情上，而忽略了自己的长处。于是，他开始学习欣赏自己、接纳自己。

第二道门上写的是"接纳别人"。他这才明白他为什么总是满腹牢骚，怨声载道：因为他拒绝接受别人和自己存在的差别，总是不愿意去理解和体谅别人的难处。

最后，他看到第一道门上写的是"接纳世界"。王子这才明白他在改变世界时为什么连连失败：因为他拒绝承认世界上有许多事情是人力所不能及的，他总要强人所难，控制别人，而忽略了自己可以做得更好的事情。于是，他开始学习以一颗宽广的心去包容世界。

这时，释迦牟尼佛已经等在那里了，他对王子说："我想，现在你已经懂得什么是和谐与平静了。"

送他们一程

日落黄昏，倦鸟归巢，青山渐渐安静了下来。突然，一个年轻人面容狰狞怒气冲冲地跑到高高的山冈上发泄似的狂喊着。年轻人的暴躁惊动了正在不远处打坐的禅师，面目慈祥的老禅师缓缓走到年轻人面前，对他露出了善意的笑容，然后和年轻人攀谈了起来。

在谈话的过程中，老禅师始终眯着眼睛微笑着在听年轻人的倾诉。年轻人从一个边缘的小城来到这个灯红酒绿的大都市来闯荡，经过多年的打拼吃了很多苦，才好不容易在企业里干到了中层管理人员的位置，身边也有相识了几年的女朋友。可是，现在这一切都毁了，老板因为种种原因要将他辞退，现在他正在为公司培训替代他的新人，每天在公司里的日子过得非常压抑。而女友知道他很快将失去这份收入丰厚的工作之后，也提出了分手。女友的理由很简单，她不能让自己未来的孩子拥有一个没能力给她们安稳富足生活的父亲。

"我跟了老板整整8年呀！他一句话就让我走人！我的女朋友当初刚来到这个城市的时候举目无亲，是我帮她找了工作，全力以赴地照顾着她，可现在她却在我最艰难的时候选择了离开！"年轻人几乎是声嘶力竭地说完了自己的经历，愤怒的双眼中燃烧着熊熊烈火。年迈的禅师轻轻地拍了拍年轻人的肩膀，然后拉起他的手在山上信步游走起来。清凉的山风让年轻人烦躁的内心渐渐平静了下来，这时候，老禅师忽然停下了脚步，伸手去抓一片飘来的柳絮。

柳絮轻盈而调皮，每次都从禅师的手掌之中溜掉。年轻人默默地看着老禅师，眼中充满了疑惑。"呵呵，我老了，抓不住这些柳絮了。"老禅师说完之后，抬起头和年轻面对着面，说道："这世上种种美好与精彩，我们并不一定都能抓到，既然抓不到，倒不如送它们一程，让它们活得更加精彩飘逸，让自己得到安宁与豁达。"说完，老禅师轻轻将抓柳絮的手向上微微一扬，柳絮被禅师的手这么一送，在湛蓝的天空中飞得更加漂亮了。

老禅师说完之后，年轻人呆立良久。忽然，他的脸上露出了淡然的微笑，向禅师深深鞠了一躬，转身下山去了。回到城里之后，年轻人兢兢业业地将自己在工作中的经验都教给了那个即将接替他的新人，老板看在眼里，没想到受了委屈的他居然还会这么为公司出力，心里很不是滋味儿。当他离开公司的时候，老板动情地紧紧握住他的手对他说："我对不住你，没想到你还能这样对我！辞退你，我也是有难言之隐，你这个朋友我记住了，以后有事就来找我。"他笑着和老板告别，然后在办公室同事们充满留恋之情的注视中大踏步地走出了公司的大门。

和女朋友最后道别的时候，他送给他一份特别的礼物——一盒治疗风湿的膏药。女朋友有风湿病，每次疼起来都在床上龇牙咧嘴地直打滚，女孩儿看到这份礼物之后，哭得差点抽搐过去，他安慰完她之后，潇洒地转身离开了。

在随后的日子里，他始终奉行着一个原则，能抓住的人和缘分，他都加倍珍惜；不能抓住的种种，他就笑着送他们一程。这样的心态让他赢得了很多人的尊重，也得到了别人更多的回报和帮助，他的生活也渐渐走出了困境。

后来，他经过多方寻访找到了禅师所在的寺院，想当面感谢老禅师。可让她万万没想到的是，好不容易才找到了禅师的所在，老禅师的弟子却告诉他，禅师已经圆寂，从时间上推算，恰好是他们见面的第二天。弟子还告诉他，老禅师当时身体状态非常不好，每时每刻都在遭受着疾病的折磨，有时候疼得汗水直淌，却始终面带微笑的生活着。虽然，老禅师早就知道自己来日不多，但依然平静乐观地生活着。

听完这些话后，他努力让自己的脸上绽放出微笑，用笑容将眼角的泪水挤走。这时候他才明白，相遇的时候，老禅师是忍受着多么巨大的病痛在为自己解脱烦恼。老禅师那时候已经知道自己抓不住自己的生命了，却还用尽了生命最后一分力量送了自己一程。

他向禅师圆寂的地方磕了几个头，然后微笑着向山下走去。老禅师用自己的生命让他明白了一个道理：人，永远都要微笑坚强乐观豁达地生活下去，这才是生命的意义。

万事只求半称心

杭州灵隐寺有这样一副对联："人生哪能多如意，万事只求半称心。"初遇这副对联，心底感到困惑：我们都祈祷着人生如意，万事称心，它却怎么说人生没有多如意，万事只求半称心呢？人生半称心，还能知足常乐？

看到一则寓言故事才对这个疑问豁然开朗。一个猎人进山狩猎，与一只黑熊相遇。这时，猎人只要举枪就能击毙黑熊。但是，当黑熊说，如果要想获得完美的熊皮，就应该把枪口对着它的嘴巴，他就停住了。熊皮毛油光发亮让他陶醉了。黑熊把自己的嘴巴往枪口上放，猎人也顺其所为。结果，猎枪在黑熊嘴里移位、弯曲直至脱手，猎人在这场游戏中丧失了性命。

狩猎能打到一头熊就该满足了。如果不满足，还与熊谋皮，那只能是悲剧的结局。"机关算尽太聪明，反误了卿卿性命"，这个猎人的下场告诉我们一个道理：凡事有度，切不可恣情纵意，贪得无厌。

季羡林曾说："每个人都争取一个完满的人生。然而自古至今，海内海外，一个百分之百完满的人生是没有的。"不称心是人生一种常态，我们怎么能奢求十全十美呢？我们应该坦然面对人情冷暖，淡泊面对荣辱得失。这样，我们经历风雨时才能从容大度，豁达淡定。

白石老人是深谙其中况味的。在很长的时间里，他的画毁誉参半，有人认为他是百年难现的艺术大师；也有人责难他是挂羊头卖狗肉。但是白石老人却一概置之不理，听之任之。有人问他为什么，他只是以他的座右铭"人誉之一笑，人骂之一笑"以对。

人生天地间，必然会遇到不同的眼光。有人称赞，是对自己的肯定，"一笑"，笑出的是自信和从容；有人诋毁，是对自己的否定，"一笑"，笑出的是豁达和超脱。这"两笑"里是怎样的一种心态和智慧啊！荣辱糊涂一点，得失看开一点，胸襟宽广一点，心态平和一点，处在怎样的境地都能做到从容平和，无愧我心。

追求事业的过程中，毁誉是必然的存在，这时做到"半称心"不容易；但是事业到达巅峰时，还能"半称心"则是对人性的更严峻挑战。

牛顿晚年对青年才俊的打压，海明威的自杀等等现象就是因为他们看不到这一点。而晚清"第一中兴名臣"曾国藩就参透了这一点。在平定太平天国过程中，他手握兵权，权倾天下。当有人鼓噪着要他坐天下时，他毅然自裁湘军，功成身退。儿子对此不理解，他只是让儿子想一想自己的书斋为什么取名"求阙斋"。

　　"治生不求富，读书不求官，修德不求报，为文不求传，常求的境界是：花未全开月未圆。"他就是告诉儿子，凡事只求半称心才是人生的圆满。如果当年曾国藩举兵，就有可能功败垂成；而选择退隐则给自己留足了转身的空间。他不就是这样给自己留下了一世英名吗？

　　心想事成，万事如意，这只是人们美好的祝福，是不能得到的自我安慰。如果凡事求完美，那么就必然陷入无端的痛苦和无奈之中；但如果凡事只求"半称心"，那么即便遭遇失败也能够从中找到幸福与快乐。就像杨绛说的："得到了爱情未必拥有金钱，获得了金钱未必能拥有快乐，拥有快乐又未必能享受到健康，即便是拥有健康，也未必一切如愿以偿。"不贪婪，不强求，不攀比，明白自己的幸福，活出真实的自己，还有什么不能知足常乐呢？

土豆人生

　　清晨去早市，遇到一个卖土豆的，土豆长得有些特别：不是圆头圆脑的一块，而是一大一小的两块紧连在一起，成了8字形，像个有头有身躯的小娃娃。我问小贩，这种土豆不好吃，怎么和别的土豆卖一样的价钱？小贩惊讶地看着我，你怎么知道不好吃？

　　我当然知道。多年前，我就是一个种土豆的，也曾多次种出过这种土豆。土豆长成8字形，往往是经历了这样的过程：在地里种下土豆秧子，接着土豆就发芽、出苗、生长、开花，然后在地下结出果实。可就在长势正旺的时候，遭遇干旱。眼看土豆就要干枯而死了。这时，忽然来雨了，没几天，土豆就恢复了生机。而它遭遇干旱之前长出的果实，终究没能继续正常地生长，而是在果实之外又长出了果实。原来的果实，就成了输送营养的管道。长到最后，就成了两个紧连着的圆块——后来长出的那块，和其他土豆没什么区别；早先长出的，却吃起来口感很差，没有一点土豆味。8字形，是一个标志，标志着土豆在生长中经历过大坎坷，它那块受过难的果实，是不能吃的。

许多人的身上，也有隐秘的、不可触动的地方。这是一种记录，记录着成长中受过的某些刺激或伤害。

有一位同事，性格很不错，待人也宽厚，但就是有一点，如果有谁无意中说他是农民，他就会不由自主地发怒，涨红了脸，大声地争辩。据这位同事说，上学时他不怎么努力，成绩很差，父亲就领着他下地干重活，在他累得实在不行的时候，父亲对他怒吼道，不好好读书，将来就还是农民，就要学会干这样的活！后来，他发奋读书，终于考上了大学。摆脱农民身份的同时，他对那些瞧不起农民的人非常厌恶。

一位朋友买了新房，兴高采烈地召集一帮人庆贺。酒桌上，朋友大发感慨，说，毕业了，挣钱了，到了该回报父母的时候了，可还没来得及孝敬，就又给他们添麻烦了。自己买这套新房，父母出了不少钱。正说着，一位很要好的同事猛地站起来，情绪激动地说，你的父母有什么了不起，我的父母才是最好的。接着就絮叨开来。一时间，四座皆惊，场面非常尴尬。后来才了解到，这位同事在少年时，曾因家庭条件不好，被人不止一次嘲笑过。家庭成了他心中一个解不开的结。当朋友说起买房是靠父母资助的时候，在同事的潜意识里，就觉得是在嘲讽他的父母没能力资助他买房，所以一时冲动，表现异常。

很多人，都是受过难的土豆，都有"不好吃"的那一部分。懂得了这一点，做人才能更厚道，对人才能更宽容。

为明天筑起台阶

一名年轻人兴冲冲地向他的老师讲述自己的出游经历："最近，我在喜马拉雅山遇见一位睿智的老人，他能看到不可预测的未来，还把自己的这套绝学传授给了弟子。先生，您也懂这个吗？我真想学。"

"每个人都懂呀，"老师平静地说，"真正困难的学问不是这个。"

"那是什么？"年轻人不解，"先生，还有比未卜先知更高深的学问？"

"飞翔的鸟儿，葱郁的林木，人人都能张眼即见，但你看得见自己的睫毛吗？它可是就在你的眼前啊！所以，我要教给弟子的，不是让他们预见朦胧的未来，而是看清鲜活的现在。"

是呀，看清并做好眼前的事最重要。

记得一个秋雨湿窗的夜晚，我忽然接到一个朋友的电话，低沉的声音传来不少沮丧。他说金融海啸让他的股票和房地产投资损失巨大，他经营的小公司也很不景气，说不定很快就要倒闭了，预计送儿子出国留学的事看来也要泡汤了，现在是饭也吃不香，觉也睡不好，今后该怎么办？我平声静气地对他说："做好今天的事。比如该工作时就努力工作，该自学时就好好睡觉。在公司没倒闭之前，做好你该做的事。"

看清并做好今天的事，就是说要珍惜今天的时光，做好现有的手头工作。无论明天何去何从，都不能忽视了今天，更不能放弃眼前。不做好今天的事而忧虑明天做什么，无疑是水中望月雾里看花。

在处理过去、现在和未来的关系这个问题上，我们既不能沉湎于过去，也不可过多地担忧未来，我们必须了解今天的责任，并集中精力去履行这一责任，这才是最正确的人生态度。沉湎于过去事件和担忧未来的事件最可怕的结果就是使人丢失了眼前的现实。

尽管俗话说"人远虑，必有近忧"，可是，如果一个人整天沉浸在对未来无边无际的幻想中而不脚踏实地地做好眼前的事，即使明天到来，他也只能是一片空白。今天的事都做不好，明天又能做得好什么？

一个学生今天勤勤恳恳读书，他明天就会运用所学的知识做好他想做的事。否则，再美好的理想都将成为泡影。

一个路桥工程师今天做好勘测，设计好施工图纸，明天就可以顺利进行道路修筑。否则，施工队只能无所适从。

一个教师今天扎扎实实备了课，明天的课堂就会充满生机。

否则，讲课就成了无的放矢。

一个报纸编辑今天精心策划、细致改稿、周密编排，明天的报纸就会受到读者的青睐。否则报纸会无人问津。

看清并做好今天的事，不是说不要明天的规划。只是在没有明确的新的目标之前，先做好手头的事，练好自己的身手，无论明天做什么，都会得心应手，水到渠成。

看清并做好今天的事，就为明天筑起了向上的台阶。这是颠扑不破的真理。

不拿别人的尊严开玩笑

有一天，明宣宗皇帝朱瞻基闲来无事，去看望正遭软禁的二叔朱高煦。朱二叔对自己没能当上皇帝始终耿耿于怀，看见皇帝就来气。这天在和侄儿宣宗皇帝并肩散步的时候，朱高煦胸中突然翻腾起压抑已久的恶气，做出了一个惊人之举：趁朱瞻基不注意，竟像小孩子打架似的，伸腿给皇帝使了个老绊。实事求是地说，这个老绊使得相当漂亮，完全没有思想准备的朱瞻基被摔了个大马趴，弄得皇帝灰头土脸，好不尴尬。当朱瞻基狼狈地从地上爬起来的时候，朱高煦笑了，笑得很灿烂、很开心，但他必须为这笑付出代价。

在明代众多阴毒和乖戾的皇帝中，宣宗朱瞻基是个性格仁和，做事宽厚，并不爱轻易生气动怒的皇帝，他对二叔朱高煦也一直相当宽容。朱高煦曾图谋在赶往北京登基的途中伏击他，他没有计较；朱高煦鼓动诸王造反，他也并没有想杀他；即使在软禁之后，他还时常前来看望。可今天，当朱高煦下腿使绊，让他当众出丑的时候，和善的宣宗皇帝终于"龙颜大怒"，因为这次他伤到的不是皇帝的宝座，而是一个皇帝的尊严。朱瞻基下令用一个重达300斤的铜缸罩在朱高煦的身上，然后在铜缸周围堆积成小山般的木炭，木炭点燃，铜缸竟然被熔化，朱高煦的命运可想而知。在明代皇帝的子孙中，明成祖朱棣的二儿子朱高煦是死得最惨、最难看的一个。

一个人，像朱高煦这样因为一个小小的玩笑，而让命运发生逆转的事并不鲜见，历史上另一位名人寇准，也曾有过这样的经历。

宋真宗时，寇准为相。有一天他在朝中参加宴会，喝汤的时候，不小心把一些汤汁沾在了胡须上。老实说，一个为万官仪表的宰相，在脸上最着眼的地方沾着一些秽物，的确有些不太雅观。这时，副宰相丁谓看到领导形象有碍，便站起身，用自己的衣袖把寇准沾在胡须上的汤汁小心地擦掉了。在正常的情况下，这是一个令人心里热乎乎的小动作，但寇准却是一个正直同时为人苛刻的上司，他笑着对丁谓说："参政，国之大臣，乃为官长拂须邪？"意思说，参知政事是国家大臣，也要为长官溜须吗？这或许只是一句玩笑，但在大庭广众之下，人们不由哄堂大笑，而丁谓则羞得满脸通红。

后来的事也是我们所熟知的了，寇准先是被贬出京城，出知相州，后又再贬雷州，当了一个小小的司户参军。这所有的"功劳"，都是丁谓苦心孤诣、背后下刀的结果。丁谓在历史上的小人排行榜上名列前茅，可又有谁曾想到过，他在好心为领导"溜须"时，寇准的一句话，对他的自尊造成多大的伤害。从这点上说，寇准何尝不是咎由自取呢？

相比之下，唐代大将军郭子仪在这样的问题上就显得棋高一招，技高一筹。他因功被封为汾阳郡王后，每天拜访他的人很多。他是个很会享受的人，每次会见客人，都有一帮爱姬侍女相伴，叽叽喳喳，好不热闹。但只有一个例外，就是当卢杞前来拜访时，他一定让所有的女人都躲到里边去。儿子们非常疑惑，郭子仪解释说："你们不知道，卢杞这个人生来相貌丑陋，面色发蓝，女人们见到后多会发笑，卢杞面子上难免挂不住。他为人阴险狡诈，要是有一天得了势，他一定会为了报这一笑之仇，将咱们全家斩尽杀绝。"后来卢杞果真当上了宰相，那些曾经让他难堪的人都遭到报复，只有郭子仪毫发无损，待遇日隆。人说"人情练达皆文章"，为人处世的学问，郭子仪堪称大家。

中国人处世，特别重视面子，故而有面子大如天之说。面子的背后，其实就是尊严。千万不要小看那一张小小的脸面，树活一张皮，人活一张脸，倘若人格尊严受到挑衅和伤害，往往会以性命相搏，用句土话说就叫"不蒸馒头蒸（争）口气"。懂得理解和尊重别人的脸面，不拿别人的尊严开玩笑，是一种修养，也是一种人生智慧。

得理也要饶人

　　清晨打开电脑，QQ群里一个网友喋喋不休地倾诉："小诗人太可恶了，以前我帮过他多少忙，今天跟我说话竟这么不敬，用那么恶毒的话来攻击我，我一气之下把他拉黑了！"众网友忙跟着劝说："小事一桩嘛，何必这么动气？"我虽不知道因何故小诗人得罪了他，但总觉得这位网友太较真了，气大伤身，不能因一句话就动了怒，犯不着拉黑，说不定哪天你有事要找他，那黑了的头像再也不能白过来了，到时候后悔都来不及。

　　之所以在你的好友内，你们以前该是好友了，那曾经的友谊应是真真切切的，人都有真善美的品质，但有时候不经意也会露出点你认为的小恶来，也许不是本意的，但却委屈了你的心，你总认为，我以前如此待他，可他……

　　这种埋怨加大了你的火气，以为理都在自己这边，于是助长了你对他的仇视，在你心目中，以前那么好的朋友成了十恶不赦的小人，你的心硬生生地被他给伤了。我想说，如果当时你的心柔软些，就不会出现这种结局了。宽恕一个人，也同时拯救了你的心。因为柔软，所以能够包容一切，含摄一切。在柔软中，人可以清醒、包容，进而达到一种和谐状态。

有一个小伙子在企业做软件工作，那些开发的程序都是很重要的机密，到了快开发成功的时候，另一家企业找到他，要重金挖走他。小伙子在利益的驱使下动摇了，把一些基本的小程序透露给了对方。这时他的部门经理已想好了怎么去"收拾"他，但老板知道后，让部门经理千万不要那样做，他在百忙中专门从遥远的马来西亚飞来约见了这个小伙子。小伙子见了老板吓出了一头汗，他以为老板会立马扇他几个耳光，再去法院起诉他，因为这事实在是违背了公司的制度。

在老总办公室里，老总亲自倒了一杯咖啡给小伙子语重心长地说："小伙子，出现这种事首先我有一定的责任，我没有把公司管理好，你很优秀，像你这样的人才，在哪儿都能得到一份好工作，你的水平在那儿，只要你不愿意遵守规定，你一心想去破坏，谁拿你也是没有办法的，能被钱收买的人，对方也仅仅买你一次，终归不会重用你，因为他害怕你是不是以后还会被别人买走？如果你真的要走，请一定在那家公司做好保密工作，遵守他们公司的制度，不要浮躁，用一颗柔软的心去对待一切，你将会有一个好的发展。"

当然，这个故事的结局是小伙子不走了，是老板宽容的心感化了他。

女儿欣欣每次放学回来后，都会叽叽喳喳说一些学校的事，最多的是跟她的好友敏敏是如何关系好的，跟她的"对头"清清是如何斗的，刚开始我都报以好笑的态度去听听而已，但我发现每次女儿提起她的那个"对头"清清的时候，小脸一下子晴转阴了，说着说着满脸的愤怒。我知道了严重性，那个"对头"影响了她的心情，让她不快乐。于是我问她："刚入学时，是不是清清是你的第一个朋友？"她说是。我又问："那次在学校吃饭，你的饭盒被别的同学撞在地上，你当时哭了，是不是清清帮你又打了一份？"她说是。我又问："有一次下雨，我没来得及接你，是不是清清让她妈妈把你送回来的？她说是。我说："你看，清清以前对你多好，你这样，每天多想想清清以前对你的好，即便现在你俩有点小矛盾也不会记恨她了，要做回以前的好朋友才是，这样你就不会一提到她就不开心了。"女儿貌似懂了，小声说了一句："那我试试。"

是啊，人不能因为占着理，就不依不饶，那样只会使事情变糟。要学会得理也要饶人，那么紧张的生活就会变得美好。

房间没有WIFI

偶尔去国外，一到宾馆大堂，导游必郑重宣布：有WiFi！或者：这里有WiFi，房间里没有！

起先还没听懂，什么东西这么重要？见所有的年轻人都打开手机既兴奋又如释重负的样子，方明白，你认为不重要的东西，年轻人可是不可一日无此君。

用上了苹果手机后，外出就餐或者喝茶，也会很神经地掏出手机，看那朵小扇子闪现，稳定，也会欢呼雀跃。其实根本没有接收无线网络的业务需要和心理需要。强迫症是要传染的吗？在某家餐厅等上菜，看到两个妇女对坐着，不说话，双双看自己的手机，半晌，才开始谈论手机上读来的新闻。她们看上去有70岁了。遂不担心自己患上装嫩病。只要眼睛没有问题，100岁也可以心随小窗子。

连锁咖啡店，以及五星级酒店的无线网络多半是不稳定的，时断时续。要么索性没有，有了信号而信号不稳定是很叫人恼火的。时髦的微咖——微博主题咖啡馆的网络既快又稳。靠网络吸引顾客的生意到底是要专业些的。吃，喝，阅读，上网，写文章，发邮件，年轻人可以完成一天所有的功能吧。

刷新，不断刷新，只要你上网，新代替旧是瞬间的事。眼睛像是一个永不满足的大胃王，不断需要投注新的东西，填补好奇，窥探，匮乏。精神的饥饿以吞噬五花八门的新闻、图片为满足。扫射般的阅读是机械的，迅疾的，冷漠的，却又是刹不住的。

开会，上面的人在讲，下面全是手指运动。人手一部手机，年轻的、不年轻的食指在不停滑动。若是灯光熄灭，众手指上的光亮给房间照明大概是不成问题的。

就怕此刻错失了什么，就怕人家都知道了而唯独你不知道。

这世界的每一天每一时，都有无穷的新闻上演，消息在传播，八卦在流传。什么是与你相干的？你到底要找什么？什么是能够留存下来的？

整齐的手指运动使我们相似，相似的还有许多。心灵没有深度。以信息消化寂寞。速速浏览速速遗忘。对这个世界貌似主动实则被动。

"没有WiFi前不觉得是必需，习惯了它之后，好像就不能没有它。"不是一个小朋友这样说。他们情绪的好坏，是跟随那个小扇子的有与无。信号不稳，网络消失，心绪难定，魂儿小附。

"被一个世界堵在外面。"——对小扇子的上瘾，最简单的理由，是怕被潮流阻挡在外，所有前行的人群中没有了自己，被屏蔽，被隔绝，被推远，被排斥，这是多么可怕的事。

第四章

给生命留点空隙

不要独自去飞翔

天空，淅淅沥沥地飘着细雨，他伫立桥头，思绪回到一年前。

那时，同样是淅淅沥沥的细雨飘着。他的心，却被浸湿了，沉甸甸的。他的公司要破产了，自己的车，刚刚被抵押卖了。他百无聊赖地倚在桥头的栏杆上抽烟，两眼望着桥下的滚滚流水，泪水潸然而下。

他想起，自己刚刚15岁时，就因为家境贫寒，放弃了学业，到社会上打拼，瘦小的身躯每天蹬着重重的三轮车，往各大商场送货。每天都要经过这座桥，几十米的上坡路，非常艰难，但每次他都咬紧牙关艰难地一步步挪动上来，拒绝任何人的帮助。

坚强给了他无尽的勇气和力量。靠自己的努力，他一步步地从送货员、业务员，做到地区经理，直到自己开了一家公司，在大都市建立了自己的家庭，成了有车有房的成功人士。同时，辛苦的工作也给他带来了一身的病痛：胃炎、失眠、轻度抑郁，渐渐地他变得狂躁起来。

他总觉得员工各方面都和自己相差太远，办事能力太差。所有的业务和事情他都是一个人亲力亲为。其实，公司员工都非常欣赏他的才干和能力，可面对着他整天的谩骂、轻蔑，员工们忍受不了，纷纷离去，人员换了一波又一波，公司没能留住一个人才，短短的时间内，公司的业务就直线下滑，面临破产的危险……

突然，有个声音在耳边响起："先生，帮个忙推下车，坡太陡，路滑上不去。"

他用很轻蔑地语气说："这坡还陡，我以前经常推着一车的货，从来不用人帮忙！"

那人笑了笑："我没说一个人推不上去，有个人帮忙一下，不是更轻松和愉快吗？"

他愣了片刻，给师傅搭了把手，车很快就推上了陡坡。沮丧消沉的他，一下子就像打了兴奋剂似的："我的企业有救了，我的企业有救了！"

雨，慢慢停了下来，他的心也明朗了，他信步朝家的方向走去。

他边兴奋地喊着妻子去买好酒好菜，边拿起手机，找出电话簿，挨个给公司的员工打电话，一边向他们道歉，一边诚恳地向他们寻求帮助，希望能在公司最困难时期，共同渡过难关。

几名员工迅速来到他家，一起出谋划策，商量到半夜。

现在，他的公司早已渡过了难关。他的身边多了一个副董事长，两个副总经理。

有人问他起死回生的秘诀，他只是简单说了一句话："心再坚强，也要为自己松绑，不要去独自飞翔！"

不放弃最后的希望

那一年，他应聘到一家汽车销售公司做汽车推销员，老板给了他一个月的试用期，一个月内如果他能推销出去汽车，就留用，如果不能，就被辞退。此后他便辛苦奔波，但一个月过去了，却一辆汽车也没有推销出去。第30天的晚上，老板打算收回他的车钥匙，并告诉他明天不用再来了。但他说："还没有到晚上12点，所以今天还没有结束，我还有机会！"

于是，他就把汽车停在路边，坐在汽车里，等待着奇迹的发生。快到午夜的时候，有人轻叩车门，是一位卖锅的人，身上挂满了锅，向他推销锅。他就请这位卖锅人上车来取暖，并递上了热咖啡，两个人开始聊了起来。他问："如果我买了你的锅，接下来你会怎么做呢？"卖锅者说："继续赶路，卖下一个。"他又问："全部卖完了以后呢？"卖锅者说，"回家再背几十口锅出来卖。"他继续问："如果你想使自己的锅越卖越多，越卖越远，你怎么办？"卖锅者说："那我就得考虑买部车，不过现在我买不起。"他们就这样聊着，越聊越开心，快到午夜12点的时候，卖锅者在他这订下了一部汽车，提货时间是5个月以后，留下的订金是一口锅的钱。因为有了这份订单，老板留下了他，从那以后，他继续努力推销，业绩不断增长，15年间，他就卖出了1万多部汽车，创造了推销史上的奇迹，他就是被誉为世界上最伟大的推销员——吉拉德。

有的人之所以成功，就是因为即使面对的是极其渺茫的希望，不到最后一刻，他也不会放手，而是死死抓住这点希望不放，在最后的坚持中赢来奇迹的出现。机遇青睐执著的人，这类人即使是在最黑暗的夜晚，也会坚定信念信心满满地向前走，勇敢地穿越漫漫长夜，最终迎来阳光灿烂的日子。

别太把自己当主体

应朋友之邀，参观了他的奇石收藏。两间不小的房子里到处摆放着奇珍异石。惊叹大自然天然成趣的奇妙，也赞叹朋友慧眼识珠的匠心。看完了，朋友要我写几个字，我便写了"人藏石原自爱好，石藏人却在精神"赠他。我告诉朋友，在你收藏石头的同时，石头也收藏了你。你收藏了它的形，它却收藏了你的心。

天下之事，概莫能外。谁是主体，谁是客体，关键在于自己的内心。骑士骑着骏马在大地上飞奔，骑士十分自豪，十分得意，他的自豪得意在驯服驾驭了骏马，展示了自己的风采。而骏马却不这样认为，路是我跑的，一切风采来自于我的潇洒，我的俊逸，我的力量和速度。至于骑士在马看来，也许无异于它驮的一只羊，一块石头或者什么东西。骑士认为他是主体，因为他是骏马的主人。骏马则认为，没有我你只是一个普通人，不成为骑士，不信你下来走走，有谁会看你。它才真正是骑士的"主人"。一群蚂蚁在大地上爬行，俨然也是一个世界，人走过来了，鄙视蚂蚁的渺小，嘲笑蚂蚁的丑陋，发出蚂蚁撼大树可笑不自量的感叹。好像地球只属于人类，不干蚂蚁什么事。便拿起一根树枝戏耍蚂蚁，无聊地显示自己作为人的优越。但蚂蚁同样认为整个地球只属于它们，可笑的正是这些人。人只不过是一种外来入侵的庞然大物，一个硕大的头长了七个孔，一条粗长的胳膊上长出五个叉，丑极了，不是怪物又是什么。它对人的鄙视与嘲笑不屑理会，视而不见地独来独往。在人的戏谑和挑逗面前，它奉行"好蚁不跟人斗"的哲学，采取惹不起躲得起的战略，连一眼也懒得看，头也不回忙自己的，表现出人类少有的大度与宽容。如果有时逗急了，它也会不声不响地爬在你的某个部位，狠狠咬你一口，算是一种警告：走着瞧吧，千里之堤还溃于蚁穴呢。

主客体的博弈，就是太把自己当回事，太以自己为中心了，人收藏石头的同时，石头也收藏了人，然而收藏石头的房子连人和石头一起收藏了。房子所在的楼又收藏了房子，小区又收藏了楼房，城市又收藏了小区……在这些收藏的链接中，谁敢说你是真正永恒的主体。

作家写文章也一样，你跋山涉水收集素材，苦思冥想写成文章，看起来作家是主体，其实文章一写完，这些文字就把你取代了。读者看到的是这些文字，是从这些文字中才认识了你。认识了你的思想、情感、个性、思维甚至人品，绝不是首先通过你才认识作品的。

因此，应谨记的是，也许你当过无数次主体，但是你充当的更多的却是客体。

放下就是幸福

连续几日阴雨天，弄得人心情灰蒙蒙的，今天一起床，太阳就从天边露出笑脸，是个好天气。阳光和煦，四野澄明，清风微拂，爽心怡情。温度不冷不热，空气不湿不燥，于是浑身上下，从里到外，都觉得舒坦。走在街上，迎面遇到的面孔带着微笑，连楼下的垃圾似乎也告诉你，今天有一家吃了糖醋鱼，一家大概炖了菠菜豆腐，还有谁家的孩子剥了两个橙子。

本来可能心情不好，这么一看，一想，心情不是轻松了许多吗？

其实，生活每天都是这样，并没有什么本质不同。即使天冷了一点，热了一点，或者当你出门在外的时候突然遇到一场瓢泼大雨，那也不过是大自然按照自己的规律运行的结果，并非有意和你过不去。路上偶遇相识的朋友却愁容满面，甚至对你没好气儿，百分之百不是因为你，根本没有必要去琢磨后味儿。路旁的垃圾没来得及清运，或许是那个管清洁的老头儿今天家里办喜事，为儿子娶亲……一想起这些，我们的心情顿时就会轻松起来——生活里哪有那么多的不快！

"告诉自己，我生活得很好，很快乐！"

许多年以前，母亲曾这么对我说。我一直把这话奉为生活的信条，即使遇到天大的困难，也不曾放弃它。我总是不断地告诫自己：别担心，明天早晨，太阳一准儿还会从东方升起。这样的信念支持我渡过了人生中的许多艰难困苦，把我的心从阴霾里解放出来，走进平和与幸福。

是的，幸福、快乐、轻松、愉快……这些人生旅程中众多美好的东西不在别处，就深藏于我们自己的心灵之中。平时，我们常常觉得不快，阴天烦，晴天恼，殊不知这烦恼正源于我们自身。明代刘无卿《应谐录》中有一则发人深思的故事，说一个盲人从一座干涸河的小桥上经过，不小心掉了下去。他两手紧紧抓住桥栏不放，高喊救命。旁人告诉他：只管大胆地松手，"放下即实地"！盲人不信，以为失手必坠深渊，粉身碎骨。最后，直到双手疲惫已极，无力坚持，才落下地来。这时，盲人方醒悟道："早知是实地，何必自苦耶？"

"放下即实地"，说得多么好！

但我们总是像那盲人，把平坦的实地当成万丈深渊。所以我们总是难免长久地自苦，与快乐、幸福失之交臂。

那就记住吧，放下即实地！

对自己要公平

前一阵子一个朋友出书，发了封面设计让我和另外一个朋友看，我们俩看完都不满意，就分别告诉了那个朋友我们的感受，朋友是一个老实又懂事的姑娘，想把设计改一改就行了。我问，实在不行换个设计可好？朋友为难，说这个设计是朋友的朋友，半生不熟的关系，反倒难说。

我想了想，就又写信给她，让她换个角度来想，如果这不是她自己的书，而只是她的工作，是她要对别人负责的作品，她是否会很较真的让那位设计朋友改，甚至干脆换个设计？最后我说，你对自己要公平。

话不知道是不是听进去了，但是最后设计又重新做了两版，的确比原来好了很多。

今天出门办事的时候，我在大风里走着，一直想着这件事，是由于看了另外一个朋友写的年终总结，他说他做杂志的时候，执行力很强，现在自己出来做自己的网站了，反倒执行能力弱了。

我看完很感慨，因为我也有这样的毛病，有时候同样的一件事，比如说要求人，或者很麻烦，我就退缩了，但是如果这是工作的事，你有责任不得不做，我可能会咬咬牙就去做了，也不怕丢脸什么的，最后常常也办成了，而且还经常超水平发挥。

相反如果是自己的事，没有规定，激励，或者不安，很多时候就怂了，算了。花公司的钱，会担心被老总说太浪费，所以在外面可以斤斤计较地讲价，如果是花自己的钱，就怎么也抹不开面儿，可能多花几个钱也就算了。

另一方面，你跟老板没得商量，跟自己可以商量，找借口，打马虎眼的自己糊弄自己，所以就经常跟自己妥协。而那些最后成功的人，我发现大多数都是自己就能拼命折腾，不需要别人去推动的人。其实他们很多人论才能机会也未必都比你好，可是为什么人家就能成功呢？这个态度的差异，大概也很关键吧。

我发现我自己这个思维习惯后，觉得很有意思，我不大好说它是怎么形成的：一是我猜那大概是源于我的父母，他们是那种集体的事都是天大的事，自己的事都能克服的父母；二是我猜想中国人里我这样的可能也不在少数，因为从小受的是集体主义教育，所以对自我的认知、要求，总还是觉得是一件有点不好意思的事儿。

比如我们经常听到，无论如何不能耽误工作，或者工作的事最重要之类的教育，比如我总看黄佟佟老师在微博上宣传自己的书，有些人就表示对她不满意。我想这些人可能是因为那种传统的价值观，觉得凡是这种"我的"事，都是一个人的"私心"，就应该藏着掖着，不好意思跟别人提才对，所以他们一看到别人坦坦荡荡的宣传自己，就觉得颇不顺眼。

我猜想，这大概是因为他们可能对自己也不是很公平，因此觉得别人也应该这样。可是别人没有这样做，所以他们看到后不是取消关注了事，而是感到很生气。

正是这种氛围，一代一代的教育着孩子长大，慢慢地形成了一种对待自我，反倒是不那么公平的态度，就像我之前提到的那个朋友。我有一种感觉，如果那只是她的一份工作，她会公事公办，绝不至于感到为难的。要知道，当年她可是曾经为了一篇稿子揪着我改三遍，改到我抓狂，到她满意为止的认真的人啊。

虽然不至于只顾自己，不顾工作不顾及别人，但至少换个角度，应该是就事论事，该怎样就怎样，对别人都能好，都能认真负责不怕麻烦，对自己的事起码也应该这样。但这么长时间，我竟然对自己如此的不公平，并没有拿出全力来理直气壮地追求自我，这个发现也让我非常吃惊，如果你自己都拿自己当后娘养的，你又怎么能怪别人呢？我把我的发现翻来覆去地想了几遍后，彻彻底底下了一个决心。从今以后，我要把自己的事当成公事来办，用工作的劲头和态度去办自己的事，对自己要公平，要像伺候老板一样伺候自己！

给生命留点空隙

很多时候，我们需要给自己的生命留下一点空隙，就像两车之间的安全距离——一点缓冲的余地，可以随时调整自己。生活的空间，需借清理挪减而留出；心灵的空间，则经思考开悟而扩展。

打桥牌时，我们手中的牌不论好坏，都要把它打到淋漓尽致；人生亦然，重要的不是发生了什么事，而是我们处理它的方法和态度。假如我们转身面向阳光，就不可能陷身在阴影里。拿花送给别人时，首先闻到花香的是我们自己；抓起泥巴想抛向别人时，首先弄脏的也是我们自己的手。因此，要时时心存好意，脚走好路，身行好事。

光明使我们看见许多东西，也使我们看不见许多东西。假如没有黑夜，我们便看不到闪亮的星辰。因此，即使我们曾经一度难以承受的痛苦磨难，也不会完全没有价值。它可使我们的意志更坚定，思想、人格更成熟。

不要在人我是非中彼此摩擦。有些话语称起来不重，但稍有不慎，便会重重地压到别人心上；当然，也要训练自己，不要轻易被别人的话扎伤。不能决定生命的长度，但你可以扩展它的宽度；不能改变天生的容貌，但你可以时时展现笑容；不能企望控制他人，但你可以好好把握自己；不能全然预知明天，但你可以充分利用今天；不能要求事事顺利，但你可以做到事事尽心。

一个人的快乐，不是因为他拥有的多，而是因为他计较的少。多是负担，是另一种失去；少非不足，是另一种有余；舍弃也不一定是失去，而是另一种更宽阔的拥有。

美好的生活应该是时时拥有一颗轻松自在的心，不管外界如何变化，自己都能有一片清静的天地。清静不在热闹繁杂中，更不在一颗所求太多的心中，放下挂碍，开阔心胸，心里自然清静无忧。

喜悦能让心灵保持明亮，并且拥有一种永恒的宁静。心念意境如能清明开朗，则展现于周遭的环境，都是美好而善良的。

刚刚好的聪明

她天资聪颖，曾就读于著名的拔萃女书院，是香港第一届十大杰出学生。中学毕业后，她考获奖学金，到意大利进修，后到伦敦大学主修意大利文学，除了国语、粤语，还精通多国语言。她才艺俱佳，活跃于课外，征文、朗诵等奖项不胜枚举，舞蹈、钢琴、古筝、双簧管都达到专业水平。

她，不是哪个著名的学者，而是香港影视歌三栖明星莫文蔚。

1994年，莫文蔚大学毕业，当时刘镇伟正在筹拍《大话西游》，剧中白晶晶一角找不到合适的扮演者，他想起了好友莫天赐的女儿莫文蔚，便让助手找到了莫文蔚，征询她的意见。莫文蔚此时正在求职，已有多家大公司向她表达了录用意向，可她答应了刘镇伟。

莫文蔚家乃香港的名门，祖父是威尔士人，在香港一手创办了圣约翰救伤队及英皇书院，父亲是政府官员，母亲则是香港电视台高级管理人员。家人听到了这个消息，都说她读了多年的书，从事演艺可惜了，再则演艺的路荆棘丛生、遍布陷阱，读书人难以适应。她对家人说："读书只是训练人思维的过程，以为单靠读书就能装备整个人生，这也太可怜了。无论那路怎样的艰险，我也要尝试一下。"

在剧中，莫文蔚扮演的白晶晶外表泼辣、凶悍，内心却充满了柔情，时常被至尊宝几句情话就忽悠得头晕目眩，是一个傻乎乎的形象。这与平时干练的莫文蔚反差太大，而且《大话西游》没有剧本，所有的台词都由演员和导演在现场自由发挥。刚拍摄时，她因设想过多，很难进入到剧情中。但她听取导演和周星驰的意见，收敛了自己的聪明，甚至很多时候，将自己的想法去除得一干二净。最终，白晶晶这个角色获得了成功。

此后，她对装傻扮丑这事，似乎百无禁忌乐此不疲，拍摄的多部影视作品中，她扮演的角色有剃光头的，有装龅牙的，还有粘胡子的，怎么搞怪怎么来，让人觉得她像梅超风，银幕角色都是剑走偏锋的诡异人物。她以她独具个性的表演，走进了观众的心里。

如果说收起了聪明让莫文蔚在表演上获得了成功，那么在演唱上，她则将自己的才智发挥到极致。

她的嗓音平淡，略带沙哑，并不出色，第一张大碟销量只有800张。1996年第二张唱片销量仍只有3000张。这一度让她自己都觉得不适合唱歌。在一段时间的沉寂后，莫文蔚机灵地将擅长的表演加入到演唱中，不管老歌新歌，她用她那有点沙哑、有点慵懒、有点漫不经心的声音唱出来，别有一番意趣。2003年她夺得第14届金曲奖最佳国语女演唱人奖，2008年在第19届金曲奖中一举夺下最佳专辑奖。

娱乐圈是个江湖，风云变幻，有时候甚至退隐了山林，也会有一场腥风血雨相随。多少人中翘楚，倒跌在这里，身心俱伤，只能暗暗流泪，恨当年自己太傻太天真。莫文蔚对自己16年的演艺路做的总结是："聪明要刚刚好。不聪明让人憎，太聪明让人嫉。"

每个人的人生像一幅画，而那人的智慧就如画上的色彩，过多地炫耀色彩，吸引了人的眼球，却流于平庸和艳俗；色彩单调了，画面苍白而空洞，缺乏了韵味。莫文蔚正是凭借刚刚好的聪明，在表演和唱歌上收获丰硕，在演艺路上一马平川。

耕好你的另一片田

我的一位朋友是一个小镇上的派出所所长。他在干好本职工作的同时，酷爱写作，笔耕不辍，几年时间出版了两本随笔集。

有人曾问他："你平时工作那么忙，有时间写文章吗？"

他说："有啊，我的业余时间几乎都用来写作。"

前几天，我在本市日报的副刊上看到了他写的一篇文章。他在文中写道："业余时间也是一片田，如果不去耕作，任其杂草丛生，那么它就白白浪费掉了。而我将其耕作，并种上我喜欢的庄稼——文字，因此我比别人多了一分收获，生命也变得更加充实、饱满。"

是的，业余时间的确也是一片田，千万不要小看它，它的"产值"甚至超过工作时间的"产值"。爱因斯坦耗时近10年，创立了相对论，他因此获得了诺贝尔物理学奖；只有初中文化的列文虎克耗时60年，用自己磨出的复合镜片发现了当时科技界尚未知晓的微生物世界，他因此被授予了巴黎科学院院士的头衔……而这些硕果都产于业余时间这片田。

有人调查发现：我国城市居民一周平均每日工作时间为5小时1分，个人生活必需时间10小时42分，家务劳动时间2小时21分，闲暇时间6小时6分。10年来，人的闲暇时间又增加了69分钟，闲暇时间占人生命的三分之一。

爱因斯坦和鲁迅说过同样意思的话：人的差别在于业余时间。而对待业余时间的态度主要有两种。

第一种，视业余时间如命，充分利用。成功研究了血小板及其他成就的加拿大医学教育家威廉·奥斯勒，为了从繁忙的工作中挤出时间读书，他为自己定下一条规则：睡觉之前必须读15分钟的书。不管忙碌到多晚进卧室，就是凌晨两三点钟，他也一定要读15分钟的书才入睡。这个习惯他整整坚持了半个世纪之久，共读了8235万字、1098本书，医学专家又成了文学研究家。奥斯勒赋予业余时间以生命的神奇。

第二种，视业余时间为粪土，随意弃之。我的一位同事，5年前我们在同一所学校教书，那时他笔耕不辍，出版了一本诗集，后来改行当了本市一家报社的编辑，但从此不再写作，所有的业余时间几乎都用来跟朋友喝酒。前几天，他已经被报社解聘了……还有很多这样的人，他们把业余时间用来打牌、闲扯、惹是生非、钩心斗角……

因此，怎样对待"业余时间"这片田就决定了你有怎样的收获。

搜狐总裁张朝阳说："我就是平凡人，我没有发现自己与别人有什么大的不同。如果说有不同，那就是我每天平均除了7个小时睡觉外，其他时间都在工作和思考。"

其实我们每个人都是平凡人。但是，有的人生灿烂辉煌，有的人生暗淡无光，那是因为他们对"业余时间"这片田的态度不同。

挂在树上的紫砂壶

朋友从遥远的江苏归来，送给我一把精妙绝伦的宜兴紫砂壶。

壶的嘴、扳、盖、纽、脚与壶身浑然一体，形、神、气、态均为一流，美到了极致。我喜欢得不得了，按照朋友的说法用清水蒸煮，开了壶，之后小心地用茶水养壶，闲暇时便细细地把玩、欣赏，爱不释手，即使到了夜里，紫砂壶也常常与我相伴枕畔。

那夜，我做了个梦，梦见两个蒙面大盗穿着夜行衣闯进了我的卧室，要来抢我的紫砂壶，我岂能把我的宝贝拱手相让？于是奋不顾身与强盗打在了一处。

好在那是一场梦，我正噼里啪啦打得高兴，忽听"哐当"一声，强盗不见了，我从梦中醒来，打开灯一看，糟了，这个忘乎所以的梦竟然使得我把茶壶盖打翻在地。望着没有了茶壶盖的壶，我心疼了好久。想到这个没盖的茶壶已经不完美，没有什么收藏价值了，还留着它干嘛，干脆眼不见为净，就当我从来没有过好了——我一赌气，抓起茶壶扔向窗外。

过了一会儿，我下了床，想给自己倒杯水喝。习惯地趿上拖鞋，脚下触到一个凉凉的东西，拾起来一看，竟然是紫砂壶的壶盖，它好好地躺在我的拖鞋里，一点磕碰的痕迹都没有——在我心中，紫砂是易碎的东西，掉到地上绝无幸存之理，谁想到它还能安然无恙呢？

懊悔再一次抓紧了我，可是一切都不能重来，如今紫砂壶已经被我扔掉了，我怎么会保存一个小小的盖子呢？找到紫砂壶盖，倒让我徒增了许多烦恼。

我长长地叹息了一下，现在后悔也没有用了，于是我松了手，紫砂壶盖掉到地上，眼睁睁看着它碎裂开去。

那天早晨，失去了紫砂壶的我心情极为郁闷，决定出去走走。可是，一推开家门，我就看见了我昨晚扔出去的那把紫砂壶，它高高地挂在树枝上，竟然完好无损。

我一连几日都在懊恼之中，不知道自己怎么会这样一错再错。朋友听说后，来安慰我。朋友说，看来我们珍爱的东西，上帝也一直小心翼翼地帮我们看护着，只是我们不懂上帝的心意，以为每一种破碎的声音都是最终的结局。

幼蕾碎了，花朵的笑颜会被打开；阳光碎了，绚烂的果实会被煮熟；茧碎了，美丽的蝴蝶会一飞冲天……每一种破碎都蕴藏玄机，需要我们用心去领悟，慢慢去甄别，而不是面对破碎匆匆做出决定。那些我们乍然听来的破碎的声音，绝不是意想中那个不堪的结局。

　　衣服原本是剪碎的布，是因为缝合才使破碎变得益发完美，人生也是如此，与命运心有灵犀懂得缝合的，才会拥有华丽完美的衣袍。

光与影的游戏

母亲招呼我和她一起到老屋里去搬些冬储的大白菜。我闷闷不乐地放下书本，跟在母亲身后向老屋走去。

老屋很老了，听母亲说，奶奶就是在那屋出生的。如今，老屋早已不住人了，用来放杂物和大白菜。

老屋是灰褐色的土坯房，龟裂开扭扭曲曲的口子，坑坑洼洼的，像是一张布满沧桑的脸。屋顶上，从瓦片的夹缝中，生长出了许多纤细的狗尾巴草，麻雀从屋檐的夹缝里不停地飞进飞出，叽叽喳喳，这里，成了它们的天堂。

母亲打开老屋的门，门发出一阵沉闷的声响。老屋很黑，没有灯光，我努力地睁着眼睛，眼前仍是一片黑暗。母亲利索地进了老屋里面一间屋子，我瓮声瓮气地喊了母亲一声，嘴里嘟囔着，这屋里黑咕隆咚的，一点也看不见。

母亲在里间应了声，我慢慢地寻了过去。不小心，头撞在了一根木头上，疼得我龇牙咧嘴，心里更加窝了一团火。母亲在里面又应了声，我寻着声音的方向，慢慢地接近了母亲。

忽然，母亲往我怀里塞了一颗大白菜。我疑惑地问道：妈，这里面黑不溜秋的，您怎么看得这么清楚？

母亲说道：这屋里虽然黑不溜秋的，可是，你注意到了吗？这房子墙上龟裂开的那一些缝隙，就会透进来一些光亮。透过这些微弱的光亮，我就能很快地找到大白菜。

听母亲这么一说，我再仔细向四周看去，果然，在墙上开裂的裂缝里，透进一缕细细的亮光，像线条似的，照在屋里。

母亲又往我怀里塞了一颗大白菜，说道：记住，有影子，就有亮光。

在黑黝黝的屋子里，听着母亲从这黑暗里发出的声音，我有些惊讶，真没想到没有什么文化的母亲，竟说出这样深刻的话来。我有些恼火的心，变得有些柔软了。

母亲又往我怀里塞了一颗大白菜，有些嗔怪道：发什么呆？拿够了，出去吧，我还要在这儿清理下。

抱着怀里的几颗大白菜，我慢慢地挪动着步子。不过，这次出去，好像不再像刚才进来时那样磕磕绊绊的，我看到了这黑漆漆的屋子里那微弱的亮光。

走出老屋，我情不自禁地回过头去，这老屋，在我眼里，忽然变得有些妩媚、妖娆起来，对那黑不溜秋的房间，不再感到恐惧。

有时，我一个人走进老屋，也会变得利索起来。我知道怎样看见那些从墙缝里折射进来的一线亮光，让这微弱的亮光，照亮自己脚下的路。

那年，一向十分自信的我，高考却考砸了。顷刻间，世界在我眼前仿佛变得一片黑暗。我想离开这黑暗，这照不见我人生阳光的地方。我和村里几个后生约好，准备外出打工去。

母亲一直默默地在旁边看着我收拾行李，没有说话。见我收拾完行李，她又往行李里塞了几本我的高考复习资料。我不乐意地说道：还要那玩意干什么？

母亲只是轻轻地说了句：带上它们，做个伴儿，有空时，再拿出来，和它们说说话，不要忘了它们！

我心里有些怪母亲多事，背起行李走出了屋子。屋外，几个和我一般大的年轻后生，正等着我一道出去闯荡。

母亲从屋里赶了出来，又一次喊住了我。她急急地走到我跟前，步子有些踉跄。不经意间，我看到母亲的目光中，流淌着一种不舍和隐忍，似乎还有些晶亮。母亲为我整了整衣襟，一字一句地说道：孩子，记住，有影子，就有亮光。

听了母亲的话，我一下子愣住了。恍惚间，在老屋里搬运大白菜时母亲对我说的话，又在耳旁响起。此时再次听了这句话，像是一把铁锤重重地敲打在我心上。我情不自禁地抬头看着眼前的天空，天空碧空如洗，一片明亮。

在外，我走过许多地方，经历了很多痛苦和磨难，但我一直没有忘记拿出母亲塞进我行李箱中的那几本书，常常和它们说说话、唠唠嗑。躺在低矮、潮湿的工棚里，看着这些书。看着看着，我仿佛看到了眼前的光明越来越亮，心中渐渐有种豁然开朗的美好和灿烂。

两年后，我重新参加高考，终于如愿以偿。

人生中，我学会了看影子，看到了影子，我知道，身边必有亮光。

好东西才省钱

即使钱不多，也要学会买最好的给自己，因为好东西才省钱。

去年，我认识了可爱的台湾女孩林达，她的价值观真是让我耳目一新。她说，女人一定要买最好的给自己。林达的家境其实很一般，自己的收入也很平常，她为什么能这样做？

我发现很多女孩，衣服很多，几乎每天换花样，相比之下，林达却低调得多。但她的衣服经得起细看，每套穿上去都那么赏心悦目。有一次，我发现一个秘密：林达用同一款灰色毛衫搭配了七件衣服，毛衫搭连衣裙，搭衬衣，搭抹胸长裤，毛衫贴身配在长袄里，几乎是百搭，每套都出彩。我把我这一发现跟林达聊起来，林达居然很高兴地说："你真是细心之人。"她跟我讲起这款淡云灰毛衫，买时花了1000元，乍一听，挺贵，却利用率极高，色泽正，用料好，手感好，洗了也不变形，看上去高贵大方，几乎能与所有的衣服搭配，充分衬托其他衣服。这件毛衫已有7年历史，每年有3季都可用到它，越穿越爱。基本款的衣服一定要买最好的，这是林达的理念。

林达参加活动或是重要饭局常戴着一款玉簪。这是她身上唯一的饰品。她说女人的首饰一定不要多，哪怕只有一件，品质一定要上乘，好东西才会衬托你。她谈起这支玉簪的来历，是她去缅甸时发现的，色泽饱满透亮，经过了许多年的沉淀，做工精细，配在她的头发上，特别高贵古雅，听说是从一位没落贵族手上收购的。她一眼相中，花了3000元买下。一支看上去极普通的玉簪，同行的人都觉得她疯了。不想这却成了林达最重要的饰品，参加晚宴，她只需穿一条黑色的裙子，把头发缩成发髻，插上油绿色的发簪就出场了。她说了这样一个场景：有一次她去参加一个晚宴，灯光有些暗，而她头上的发簪却显得很夺目，还引来一位很懂行的男士夸赞："小姐好品位，能跟我谈谈这支玉簪的来历吗？"这支发簪她用了9年，越用越好用，将来还可做传家宝传下去。林达说，女人到了一定年龄，一定要有一件有来头的东西。认识林达以后，我再也不喜欢买乱七八糟的配饰，好东西是配得起所有衣物的，它会衬托你的气场，配得起你的年龄。

跟林达学到的不止这一两点。林达的口红理论也很特别。因为她几乎不用什么化妆品，但只买最好的口红，她的每支口红几乎都在300元以上。林达的观点是，她不化妆，口红一定要用最好的。好口红的颜色纯正，光泽度也很好，会恰到好处地抬亮肤色，这是几十元的口红没办法比的；用料也环保，对健康有益；约会时，她就用口红当胭脂抹在脸颊上，效果也很不错，物尽其用。好品质的东西才能放心用，利用率也会极高。林达的口红理论我传播给了很多朋友。

林达的最好理念在她的房子上算是表达得淋漓尽致。她邀请我去了她家，你很难想象，家境平常的她会选择住在这么风景优美的中心小区。虽然她的房子很小，却阳台、书房、卧室一应俱全，她把书房跟阳台打通做了阳光房，外面就是小区的花园，满目葱郁。林达见我有些意外，向我解释：很多人都说这个小区单价太高，但我不这样想，我宁可在最好的小区买最小面积的房，这样的价钱也许可以在偏一些、差一些的小区买到150平方米，但买房我买的是环境，是方便，是心情，我当然只选最好的小区，至于面积，小房子、旧房子只要打理好一样很好用。除了面积小点，林达享受了小区优质的服务，这个高品质小区交通便利，绿化好，物业管理到位，生活品质丝毫不会降低。算算她还赚了。

这只是观念问题。她向来只买最好的给自己。好东西使用越久，越能发光，越能看出好来。

换一个方向

他是我国著名的血管外科专家，擅长各种大血管手术及血管腔内介入治疗。他发明和创新了多种手术方法，使我国大动脉血管损坏和治疗的研究达到国际最先进水平，他的专著已成为血管外科专业经典教科书，为提高我国血管外科治疗和研究的国际地位做出了突出贡献。他就是我国科学院院士汪中镐先生。

谁能想到，这个为无数人解除了病痛的当代"华佗"，竟然曾连续3年饱尝哮喘病的折磨，还有几次和死神擦肩而过。

其实一开始的时候，并没有很明显的症状，只是偶然间会感到憋闷，紧接着就要剧烈地咳嗽，被呼吸科医生诊断为老年慢性哮喘。谁知，随着时间的推移，他咳嗽起来简直可以用"死去活来"来形容，每一次他都会感到身体如筛糠般地抖动，嗓子里就如塞进了一团棉花，上气不接下气，窒息了一般。

就这样，3年内，他有4次昏死被送往医院抢救的经历。自己作为血管外科的专家，可对哮喘却无能为力。他几乎看遍了所有大医院的呼吸科，专家一致认为他的病就是慢性哮喘，他也吃了几十种治疗哮喘的药，然而，始终不见好转。

　　每一次从死亡线上走回来，汪中镐都会仔细地总结规律。他忽然间发觉，自己的哮喘非常奇怪，都是准时定点发作。白天的时候，他没有任何感觉，完全可以去工作。无论是查房还是给病人动手术，从来都没有影响过。然而，每到午夜两点，只要时钟敲了两下，他马上就会感到就像有人紧紧掐住喉咙，令他窒息。他还发现，自己的这个病似乎跟身体的姿态有关。他有四次昏死过后被送往医院的经历，然而，每次到了医院当他能够坐起来的时候，哮喘的症状竟会有所减轻。他渐渐发现，身体越是平卧越是感到憋闷。于是，每到午夜时分，他就会坐起来看看书，直到那个窒息的死亡时间慢慢过去。

　　汪中镐忽然有了一个大胆的猜测，自己的病被误诊了，根本就不是哮喘，在它的背后，肯定隐藏着一个巨大的谜团。那它究竟是什么病呢？汪中镐陷入了沉思。

　　后来，汪中镐还发现，自己的哮喘除了在睡觉时发作，还跟吃饭有关。自己一点辣的都不能吃，只要沾上一点，嗓子就会像得了重病一样，马上剧烈地咳嗽起来，似乎要把五脏六腑都要咳出来。当最后缓过劲来的时候，他的整个身体已经就像虚脱了一样。还有，每当晚上吃得较多的时候，哮喘就比较厉害。

　　汪中镐忽然有了一个大胆的决定，去看消化科，自己的病就是消化系统出了问题。

　　就是这么一个决定，困扰了汪中镐多年的阴霾，在那瞬间烟消云散。正如他所判断，他的哮喘并非呼吸出了问题，而是因为一种胃食管反流的毛病。

胃食管反流是一种典型的消化内科疾病。正常情况下，人吃的食物从食管到胃，食管跟胃连接的地方有一个起闸门作用的贲门，食物在胃里消化时，上面的贲门是关紧的，一旦贲门失灵松弛后，胃里的食物在蠕动时就会通过反流到咽喉，进入气管，导致病人咳嗽、憋气，甚至窒息。

和哮喘一样，胃食管反流也是一种常见病。一种是呼吸科疾病，一种是消化道疾病，以前几乎没有医生把这两种病结合在一起做诊断，于是一种典型的消化道病被错误地诊断为慢性哮喘。据统计，我国有3000万哮喘患者，而其中有1000万属于消化道疾病。其实，胃食管反流引起的哮喘在治疗上并不困难，只需做一个30分钟的微创手术，把胃和食管交界处松弛的贲门收紧，使食物无法逆反到咽喉和气管，问题也就迎刃而解了。

岂止是治疗疾病，在生活中，对待"权威"的判断，我们习惯了言听计从；对待生命里的挫折，我们已经习惯了沿着既定的路走下去，不屈不挠。可是，当道路遇到堵塞时，我们何不像汪中镐先生一样从另一个方向实现生命的突围呢！换一个方向突围，是一种勇气，也是一种智慧，有时候它会让你忽然发觉，成功原来就是一转身的距离。

花开暗处

生在多灾多难的家庭，又恰逢时势的动荡，还没真正步入社会，孩子看待世界的眼光就戴上了有色眼镜。心上像有一层厚重的铠甲，审慎面对一切，不喜交往，也无不遥遥有距。所好无外乎古书典籍，受父亲的影响，偶有泼墨挥毫，却屡屡初始即弃，难有完成和中意之作。

一天，尺方白纸在桌，饱墨之笔高悬，尚未落下，一滴浓墨已抢先登场，于一片洁白里夺人眼目。孩子眉头一皱，掷笔，卷纸，正要丢弃，被站在门口静静观瞧的父亲制止了。他接过孩子手里的废纸，重新细细铺展平整，那滴墨汁污点因卷已失之圆润，颇有龇牙咧嘴冷笑之势。

父亲不慌不忙，取笔，蘸墨，略一思索，信笔涂抹挥洒开来。少顷，那龇牙咧嘴的污点不见了，摇身一变，反成为一幅苍劲兰竹图中的精妙之笔。再看孩子，目露喜色，赞赏连连，钦佩之情溢于言表。

父亲说话了。世上本无十全十美的事物，有些不足和欠缺是正常的，就看你如何对待和利用，比如这个墨点。画在眼前，孩子折服，但面对父亲的观点仍有疑虑。孩子说：是否成画，全在操控之手，可尽在掌握之中，但世事不然。

父亲问：知道盐碱地吗？孩子点头。父亲说：盐碱地，由于土壤中含有较多的可溶性盐分，是不利于农作物生长的土地。严重的盐碱土壤，植物几乎不能生存。但却有一种海棠花偏偏就生长在盐碱地上，它叫珠美海棠。珠美海棠原产于日本北部山区，是山荆子与三叶海棠的野生自然杂交种。树冠圆形，美观。其花粉红色，有浓密的芳香，花期跨度达一个多月。还能结果，其果清脆，甜酸可口。

这就是一种选择，不失为智慧的选择，选择其他生物生存不了的恶劣环境作为自己的成长乐园，自成天地和家园，独成其生态个性和风骨，也少受侵扰和危害。对于其他生物来说的不足和欠缺，反倒成了它的求之不得。

其实，大自然中，类似的情况不在少数。干净的土地开不出艳丽的花朵，粪污之地里长出的粮食饱满苗壮，谁是不足，谁是欠缺？百花园中，樱花易逝，玫瑰有刺，扬长避短有之，以短为优有之，或香，或艳，或洁，或繁，各成风采。欣赏其一面可矣，何必求全责备？

暗处蓓蕾，并不影响阳光下的绽放和盛开，哪怕只是开在暗处，你就是花，而不是草。

孩子在默默地听，静静地想，随着眉头的舒展，父亲知道，孩子懂了。他会成为花的，别具一格的个性之花！

利器和朋友

我的家乡，背倚一座小山。山坡上，生长着大片大片的棉槐。从山脚仰望，葳葳蕤蕤，苍翠一片，既养眼又壮观。

经过春夏两季生长，到了秋天，棉槐变得韧性十足，成为编筐做篮的上等材料。但编筐做篮是大人的事儿，天地间自有专属于我们小孩儿的正经事儿——我废寝忘食、刻苦钻研，终于学会了用棉槐制作那种叫作"弓箭"的利器。

其实，制作弓箭的方法并不复杂。挑选一根一米多长的棉槐，小心翼翼地试探着，用力把它弯成四分之一圆大小的弧形，再把一根细绳牢牢地拴在棉槐两端，就制成了所谓的"弓"。对着实物仔细揣摩一番，"弓"作为一个象形字，实在是形象得很哪！

至于做箭，也非常简单。院子内外，堆放着成捆成捆的高粱秸。高粱秸最顶端的一节，我们把它叫作"梃子"。梃子顶端的高粱穗，早被农人用镰刀斜削着割掉了，梃子顶端成了一个尖锐的箭头，把整根梃子折下来，就是一根锋利的箭。

弓箭做好了，我握弓提箭，在村里耀武扬威。我有很多朋友，他们见我弄了这么个新鲜玩意儿，齐刷刷围拢在我身边，昂首跷脚地欣赏着、羡慕着。我神气地拉满了弓弦，箭头缓缓地移动着，四下里寻找射击目标。那引而不发的架势，引起了大家的担忧，他们唯恐被误射，纷纷躲开了。

身边的朋友越来越少，也不是个办法。我开始主动地、毫无保留地把制作弓箭的方法教给了大家。结果，大家都拥有了自己制作的弓箭，虽然一度出现了你射我、我射你、你射他的混战局面，大家却觉得我大公无私，一时间跟我的关系变得非常铁。

但我是一个不甘平庸的人。大家都有了弓箭，相当于没有弓箭。在拉弓射箭的过程中，我发现用楗子做的箭，箭头轻飘飘的，没有分量，分明瞄准目标射出去了，却总是偏离了既定的方向。这是一个明显的缺陷，必须加以改进。

我找来一些和楗子一样粗细的腊条，把它们顶端削成锋利的圆锥状，代替楗子当了箭头。

这样一来，我手中的弓箭得到了改进，箭射出去后，劲道大了许多，方向偏差也消除了。这支霸道的弓箭，重新吸引了众人的目光。我打算团结一批朋友，教他们用腊条做箭。可是，这个想法还没来得及实施，我发现自己的朋友又开始变少了。他们怕我这支霸道的弓箭，毫不留情地射中自己，再加上大人们絮絮叨叨地暗示、提醒和劝阻，他们纷纷远离了我。

没了众人的支持，也就没了众星捧月的荣耀。我落寞至极，虚荣心渐渐消退，干脆来了个刀枪入库、马放南山，把那支令我丧失了众多朋友的弓箭，高高地悬挂在了南墙上，一任风吹雨打着它的躯体和无边的寂寞。

如此之后，没过多久，我身边又恢复了往日的热闹。

经营利器，没有朋友；我不玩箭矢，那些朋友却纷纷回到我身边，重新成为我的铁哥们儿。这使我感慨万千，想起了一句名言："送人玫瑰，手留余香。"退一步来看，如果手中无利器，即使无玫瑰可送，这淡如水的交情，同样值得珍惜。

没有必要去焦虑

很久之前的一段时间，总是反复做梦，梦见一个初中男生H。

他个子不高，长相也不算出众，只是清秀。成绩不拔尖，平时也不怎么喜欢发言，偶尔被老师叫起来回答问题，他总是想半天，然后很镇定地告诉老师，我不知道。他说话很温吞，走路也慢。每次早晨上课要迟到了，别人都拼命地往教室一路狂奔时，他还是会保持匀速，不紧不慢一路走到教室。我偶尔会很着急地问他，你干吗不跑啊，要迟到了。他说，有什么好跑的啊。班里偶尔会有调皮的男生笑话他，他只是笑笑，从来没见过他生气。记得班里有个女生大概是暗恋他，每天要把他的书本推到地上好几次，他每次都会不厌其烦地捡起来，掸掸灰，却从来没见他红过脸斥责过。

我很奇怪，为什么会那么注意他。他实在是个很不起眼的人。

初中毕业，我再没见过他。十年过去，我偶尔碰到一个同学，他问我，你还记得H么？我说，记得啊。他说，H真是很神啊，本科在上海某名校读的，后来研究生去了香港。我问他，那H现在干吗呢？他说，在老家待着，偶尔炒炒股。这个人，竟然连手机都没有！有一次上街碰到H，H给了这个同学一个座机号，说打这个座机，一定可以找到他。

我把号码抄了下来。不知道为什么，我觉得，H这么多年，好像一点都没变。

一天下班，我翻出笔记本，看到那个座机号，突发奇想，如果打过去，真能找到他么？

强大的好奇心，驱使我拨通了那个号码。电话接起来，似乎还是十年前，那个慢吞吞的声音，懒散，闲淡。他对我的突然电话，似乎并不意外。对我提出的各种俗套问题，似乎也并不厌烦。诸如为什么毕业以后不留在香港，他说不适应那里的气候。问他以后有什么打算，他说走一步看一步吧。问他以后会去哪个城市发展，他说这个还没想好。问他为什么没有手机，他说好像没有那个必要。他不太上网，在家里炒股，也不怎么出门，所以电话已经足够了。

一切听起来都那么顺理成章。也许换一个人，一定觉得不可思议。可是我突然理解，其实，这些问题对于他而言，都算不上是问题。

这个世界上，真的有一类人，会一直保持着同一种节奏，他很难被外界的任何事物所影响，因为他没有太多的渴望和计划。我们总是想把自己所有的时间都塞满，然后我们因为没有完成既定的目标，又不得不拼命地与时间赛跑。我们在为各种事情焦虑，为没有完成昨天的目标而焦虑，为没有把未来的计划安排好而焦虑，为害怕被这个世界淘汰而焦虑，为生命和时间被浪费而焦虑。然后我们就在这种焦虑中，惶惶不可终日地度过了很多年。

我想，当年我会那么注意H，也许是发自内心的一种羡慕吧，只是那时并不自知而已。那个时候的我，如此脆弱，充满了不安定感。迟到、考试、上课走神被老师叫起来回答问题……这些看起来微不足道的事情，似乎都能成为我噩梦的根源。我带着太多的负担参加中考，参加高考，参加工作，参加自己的婚礼，参加所有人都觉得理所应当的生活……他们称之为幸福的、合理的、圆满的生活。他们说，怎么办，我25了，还没有找到男朋友，怎么办，我快30了，还没有把自己嫁出去，怎么办，我35了，还没有生小孩……大家都如此一致地认为，这个世界，如果有人不是按照常规的程序来安排人生，就是不可思议的，无论是对别人，还是对自己。

后来，我再也没有梦见H，后来，我再也没有为很多事情焦虑，后来，我不开心的时候，总是会翻出那个电话号码，然后我知道，打过去，一定可以找到他。

消除人生中的"故障"

1

这已经是张小函投的第三份简历了。电视上一个美女主播正说着今年大学毕业生将遭遇最冷"寒冬",成都企业的月薪甚至已降至 600 元。张小函瞅了一眼,没有多说话,继续在电脑上打她的字。

第二天一早,张小函突然接到了吉祥鸟公司打来的电话,通知她上午八点到去公司总部面试。进吉祥鸟一直是她的梦想,张小函想都没想就招了辆的士。

直到中午12点,张小函已经连续过了四轮面试。现在是最后一关了,公司似乎对这个来自民办大学的农村女孩特别感兴趣。坐在她前面的竟然是公司的郭总经理。

张小函神情镇定地坐了下来。郭总经理说:"从各方面说,你都是一个非常优秀的人才,我们仔细调查了你的学历经历,发现你的努力和自信超乎常人。我们很欣赏你这点,但吉祥鸟是一家国际性大公司，你将要面对众多有形或者无形的压力。你认为你能接受这么残酷的挑战吗？"

张小函不假思索地说："我最大的特点就是经得起考验，有自信。我相信，这也是我今天能站在这里的原因。"

2

一个月后，张小函坐到了策划部的办公室里。

第一天上班的时候，策划部部长就把她喊进了办公室："今天你的任务就是把这里给我收拾干净。什么时候完成了，就什么时候下班。"

张小函没说话，转身拿来拖把和抹布。出门的时候，同事都看着她，其中一个还走过来小声说："小函，小心点，他可是只会吃人的金钱豹。""金钱豹"是大家送他的绰号，大名叫钱国安，据说是董事长的外孙，在公司里没有人不让他三分。

张小函上班的第一天就耗在了劳动改造上，下午六点，当她拖着疲惫不堪的身体走出公司大楼，正好遇到了钱国安。他冷冷地说："听说你是这次招聘出现的最大黑马。不过光有自信是不够的，最重要的是脚踏实地做好本职工作。"张小函没说话，心里却想："我又不是来当清洁工的，有必要用这种方式来折磨新人吗？"

一周后，张小函终于拿到了第一个活动策划案，是关于总公司元旦晚会的。由于她出色的组织与策划能力，晚会取得了圆满成功，小函因此得到了老总的表扬。第一个策划案办得如此顺利，张小函不免有些得意，却没想第二天一大早，所有同事看她的目光都怪怪的，尤其年纪大一点的同事，更是在背后指指点点。刚坐下不久，钱国安就进来了，气愤地说："这个元旦晚会比预想的超支很多，下次要注意。"自此后，钱国安似乎特别针对她，只要她稍有差池，批评和惩罚就会接踵而至。

3

公司新软件的发布大会上，郭总经理最后指示公司员工积极献计献策，助公司早日渡过金融危机难关。张小函听到郭总经理喊她的名字，会场鸦雀无声，大家都惊讶地望着她。"张小函，我想听听你的意见。"郭总经理微笑着说。

张小函想了想说："随着金融危机日益严峻，客户们会越来越在乎他们的钱包，我仔细计算过了，装我们公司的新软件，整个成本将节省一半。所以我完全有理由相信，明年将是我们公司新软件独领风骚的时代。"

郭总经理接着说："如果我将这个案子交给你。你能胜任么？"此言一出，满室喧哗。张小函咬了咬牙，冷静地说："能！"

张小函没有料到，她在公司很快就被孤立起来。以前大家虽有意见，但至少表面上还客客气气，现在则是公开的不理睬。

　　元旦刚过，张小函立即投入到紧张的工作中，从上午7点到晚上10点，她用了整整15个小时，把新一年吉祥鸟公司的公关传播策划案全部做了出来。拿到部门讨论时，却遭到了全部否定。看到心血就这样白白流失，张小函觉得非常痛心。更令人吐血的是，几天后同事的策划案都提交通过了，其中绝大部分都是抄袭她的创意。遭受这样的打击，张小函再也坚持不住了，倒在了公司的会议桌上。

4

　　开门，进来的居然是钱国安。"听说你准备放弃总经理的案子？""是的"，张小函低着头，"毕竟我也不是学 IT 行业的"。

　　"你是怕输？""不是，我不怕。"张小函头也不抬地说："妈妈从小就告诉我，心大，才可以做大事，她告诉我，要想有深远的发展，就必须有一颗容量巨大的心。"

　　"羡慕你有一个伟大的母亲"，钱国安说，"让我给你讲一个故事吧"。

　　"这是我父亲的故事"，他说，"那一年正是抗美援朝战争进行得如火如荼的时候，他们连夜奉命到前线送军火。出发前，连长要求仔细检查车辆，由于从没出现故障，负责车辆的人都敷衍了事。趁着夜黑天高，他们出发了。没想到，快到前线战场的时候，车真的出了故障。等手忙脚乱修好，天已经蒙蒙亮了，忽然听见一阵机枪声响起，他们被一队巡逻的美国兵发现了！战斗激烈，牺牲了两位兄弟，他也差一点成为敌人的俘虏。

父亲一直跟我说，不论做什么事情，都不能带着'故障'上路，这是个惨痛的教训！"

钱国安叹了一口气："知道我为什么来找你吗？因为我知道你是一个绝不轻易认输的人，你眼睛里所透露的那种自信和坚毅，我只在总监周忆身上看见过。记住，别带着'故障'上路，人生是一部不断向前的车，任何观念的错误或行为的偏差，都有可能让你一无所有。"

5

一周后，张小函站到了郭总经理的办公室，提交了一份团队名单。郭总经理看了看说："这份名单里面有几个都是对你有意见的，有一个甚至还打过你的小报告，你不怕他们拖你后腿么？"张小函微笑着摇摇头："我相信吉祥鸟公司是一个公私分明的地方，何况我们并没有利益上的冲突，之所以出现这样的情况，也许是因为我锋芒毕露，他们一时无法接受罢了。"郭总经理满意地笑了。

因为新软件的案子在一周内要交，所以团队的每一个人都进入了紧张的工作，排山倒海的工作量，并没有阻挠张小函满腔的激情。张小函深深明白，此时的她不仅是这个案子的核心人物，更是团队的一分子。她并没有事必躬亲，而是妥当地把任务交到了合适的队员手里。

和钱国安讨论的时候，她说了一句话："我觉得这个时候最关键的是要稳住，要冷静下来，把思路整理好之后，再去引导他们。"听这话的时候，钱国安一直在笑。笑足了，他才一本正经地说："我觉得我还是低估了你。是的，作为核心人物最重要的是懂得如何指明方向，而不是帮助别人做一个细节。即使前面有暴风雨，也要让大家感觉到安全，因为你是船长。"

一周后，张小函把案子交到了总经理那里。

6

案子最终通过了审核，公司破例给全队发了一份厚厚的奖金。张小函没有独得，而是把奖金平均分给了队员，又把自己的那份拿出来请大家大吃了一顿。

年终总结大会上，张小函被老总点名发言。感谢过很多人以后，她说："在人生的路上，只有不断地总结、反省，才能消除'故障'、从容上阵，再加上一份对工作虔诚的热爱，才能最终得到想要的那颗果实。"鞠躬致谢的时候，台下掌声一片……

第五章

给 自 己 一 次 机 会

好运只不过是努力

　　瓦尔特很后悔自己选修了埃及历史这门课程，因为教授这门课程的库伯教授，讲课速度快得吓人。大家记笔记的速度都赶不上他说话的速度，特别是当他激动的时候。笔记不全，学习成绩就好不到哪里去。有一次考试，瓦尔特竟得了38分。他明白，起死回生的惟一机会，就是把笔记记全些。

　　考试成绩出来当晚，正准备睡觉的时候，瓦尔特的脑子突然灵光一闪：干吗不在笔记本上隔行留空呢？这样下课以后，我就可以回想授课的内容，把落掉的部分补上。

　　第二天，他就开始尝试这一计划，没想到一试就奏效。刚开始的时候，上课的内容很难回忆起来。但是随着日子一天天过去，这种回忆成了一种游戏。他常常呆在宿舍里，在不受干扰的情况下，模仿库伯教授讲课，并试着在不看笔记的情况下，尽可能地复述课堂上的内容。

　　一天晚上，瓦尔特在默诵白天上课的内容时，得到了一个重要的发现：库伯教授从来没有把课上的内容分成主要的和次要的。然而，这些主要和次要的内容都整齐地排列、隐藏在看似滔滔不绝的语言中，等待学生们去发现。破解这个秘密后，瓦尔特发现自己的课堂笔记做得更好了，而且课后能够轻而易举地把每隔一行所缺的内容填上。

考试前一天，瓦尔特把自己假想为教授，站在教授的角度拟出了10道题。拟好题目后，他再解答这10道题。最后，根据讲座和课本笔记评阅答卷，瓦尔特高兴地发现，他准确地论述了所有史实和观点。但是，谁知道教授真正会出的是什么题目呢！

第二天早上，当库伯教授把试卷发到瓦尔特手中的时候，他倒抽了一口气："哦！这不可能！"那就是他自己昨天出的10道题——顺序不一样但完全相同的10道题！怎么会有如此巧合的事？他相信那是百万分之一的几率。"还有比我更走运的人吗？"瓦尔特在心中对自己说。然后，他开始奋笔疾书。

结果，库伯教授给瓦尔特打了一个大大的A＋，还写了这样一句话："感谢上帝让我在从教之年碰上了一个高材生！"瓦尔特因此顺利拿下了学士学位。

善于学习，从纷繁复杂的信息中发现有用的信息，并善于总结经验，好运就会降临你的身上。

花钱和贫穷

　　仔细观察周围的人，那些从小就大手大脚请朋友吃饭或者花钱的人，到现在依然有条件大手大脚地花钱。而那些每次一到了付钱时，就没有带钱包的人，多少年之后，依然过着拮据的生活。似乎越花钱的人越有钱，越舍不得花钱的朋友越穷。

　　我们自古以来都记着：只有节约才能省下来，越节俭才能越攒得住钱；不管赚多少，只有省下来的才是自己赚的等等。这些理念难道都错了吗？

　　社会上节俭的人很多，80％的人都在不断地节俭。把能省的都省下，能少开支就少开支，能存银行就存银行。存入银行的钱，占到了自己财富的80％以上。而对于富人呢？他们银行里的存款占到自己财富的1％都不到。这些钱也就是为了自己近一段时间所需的开销，其他的钱，一般不会放在银行里。不但不会，反而会想方设法从银行里贷款出去周转。银行是什么？银行就是一个把不喜欢花钱的人的钱聚集起来，给那些喜欢花钱的朋友花的地方。

你不喜欢花钱，结果就只有一个，你的钱让别人来帮你花。

为什么越花钱的人越有钱，而越不喜欢花钱的人越贫穷呢？这就是思维的角度不同。节俭的人的思维模式永远都是：买东西，能便宜就便宜，攒下钱还有其他的用处呢。等以后钱攒多了再买，想的都是等有钱了以后怎么怎么样。而那些富人怎么想的呢？他们对喜欢的东西，永远考虑的都是：我如何做才能够买到它？我如何才能赚到能买下它的那么多钱呢？

两者之间，就这一个差距，使得富人赚钱的点子、路子、方法越来越多，而这些都是伴随着自己的欲望、野心而成长着，今天赚的钱开上了桑塔纳，明天喜欢上了别克，从而迅速调整自己的工作，调整自己的事业，进而去把自己喜欢的东西买到，过着别人向往的生活。

过别人向往的生活，就得始终记住：不要让你的收入来限制生活。想象一下，如果你现在穿着喜欢的衣服，喜欢的鞋，挎着自己喜欢的包，是什么感觉？肯定比现在自信很多倍。而自信带来的价值呢？会使你的能力成倍地增加。人一旦有了自信，就可能干成别人认为不能做的事情，就可能干成自己不自信的时候认为做不成的事情。我们倡导花钱，敢于突破自己一步步过上富足美满的生活，而不是倡导大家去浪费钱。赚钱是为了消费的，而不是用来浪费的。花钱也是有艺术的，至于应该怎么花？富人们有个理念：钱只要不浪费，所有花的都是合理的。

越舍不得花钱的人越贫穷，即吝啬导致贫穷。该花钱的时候一定要大气地来花钱，如果连大方地对待他人的心胸都没有，如何能赚到大钱呢？一个人的格局、心胸是靠修炼出来的。

给自己一次机会

"你是一个糟糕的听众。"多年来,这样的话语我听了无数遍。由此我也认定,我自己确实不是一位善于倾听的人。

事实上,很多人都在有意无意间对自己的某一个方面自我限制,自我否定,你一定听别人说过下面这样的话语,你自己也未尝没有如此描述过自己:

"我没有耐心。"

"我总是慢半拍。"

"我不适合领跑,只适合做一个追随者。"

"我不是一个细心的人。"

"我不善于和人沟通。"

……

我们常常这样谈论自己,似乎这是我们永远无法改变的天生的弱项。很多人还不惜从孩提时期的经历谈起,以强调自己的弱项是有事实依据和历史渊源的。

我自己就是一个极好的例子。我出生在一个山区小城,我父亲经营着一个加油站，很自然的，我难免要经常和汽车、各种工具，以及一些机械方面的东西打交道。

然而，我妈妈并不希望我干这些手工活。几乎从我刚听懂语言开始，她就反反复复地对我说："马歇尔，你是一个非常聪明的孩子。事实上，你是整个山谷站最聪明的孩子。你不仅要上大学，而且你一定要读研究生。"她还一再对我强调道："别再去摆弄那些机械玩意儿，你没有这方面天赋的，你永远也不会擅长做这些。"那个时候，我并没有意识到，她只是想让我把精力都放在学习上。

从那以后，我几乎没有再接触过汽车，以及放置在汽车旁边的各式机械工具。后来，不仅我的父母知道我没有任何机械方面的技能，而且我所有的朋友也都认定，机械动手能力是我天生的弱项。18岁那年，我最大的理想是报考军事院校，我的文化课成绩非常优秀，但我并没能如愿以偿，因为在军队机械维护能力测试中，我的成绩是全州最低者之一。

6年后，我在加利福尼亚大学洛杉矶分校攻读我的博士学位。我的一位教授，鲍勃·田纳本，要求我写出：什么样的事情我能做得很好，什么样的事情我不能做，或者做不好。关于我的强项，我很快写了出来："研究"，"写作"，"分析"，"演讲"。关于弱项，我写道："我没有任何机械动手能力。从来都没有！"

鲍勃教授问我，你怎么知道你没有任何机械动手能力？我将我的生活故事以及军校考试失败的经历详细告诉了教授。"那么，你的数学能力如何呢？"我自豪地回答说，我在SAT（美国高考）数学考试中获得了满分800分！鲍勃教授又问："为什么你能解答复杂的数学问题，却不能解决简单的机械问题呢？是你手和眼的协调能力不好吗？"我说我弹球游戏玩得非常棒，射击也不错，我上大学的费用有不少来自射击赢来的奖金。鲍勃教授以极其肯定的语言对我说道："你脑子聪明，手眼协调能力也强，我就不信你钉不好一个钉子。你只是没有给你自己一次机会罢了。"

鲍勃教授的话给了我很大的启发。回到家中，我试着卸下了我那辆九成新的轿车的前轮，擦拭干净、上油之后，我又成功地将它装了上去。父亲一直在旁边观看着，最后对我说："儿子，你可以成为一个很棒的机械工人的！"

我意识到，机械动手能力并非我与生俱来的弱项，只是我的家人、我的朋友强加给我的一个所谓的弱项，而最关键的，是我自己也认定了这一点。我相信，如果再给我一次报考军校的机会，我只需两周的练习时间，就一定能顺利通过机械能力方面的考试的。

因此，当下一次，你听到自己对自己说："我不擅长……"你一定要问自己，为什么不擅长？是真的不擅长吗？你给自己一次尝试改变的机会了吗？！

放下时最宁静

我是个急性子，本来一件很平常的事，也被自己搞得很紧张，常常身心疲惫不堪。

朋友是一家银行行长，按银行的特殊性质，一到年底，就愈发忙，但他平时不急不躁，愈忙就愈慢。看他舒缓的样子，我无数次替他着急。

元旦前夕，他打电话邀我喝茶，我以为耳朵出了毛病，当确认无误后，不禁愕然，问他："今天银行决算，都火烧眉毛了，你还有闲工夫去品茶？"

他在电话那头反问我："急就能把事情急好吗？越是这时，才越要放松自己。"

我如约和他去了那家茶楼，要了一壶我俩都喜欢的"茉莉花"，慢慢地啜，慢慢地聊，不知不觉，我也受了感染，跟着他把性子放慢了下来。

天色渐渐昏暗，他看了一下表，缓缓地站起来说："我去搞决算了，这个夜晚对我来说是美丽而舒适的，一切也定会顺利成功！"

望着他的背影，我不禁想起了一位作家的话：真正的宁静，是你学会"放下"的时候。

回到家，我第一次没有像往常那样心急火燎地打开电脑，也第一次关了手机，拔了座机线，打开床头的橘黄色台灯，取来一本杂志，心平气和地翻看起来。那一篇篇隽永秀气的文章，如余香未散的茶香，让我心旷神怡、醉意朦胧。

杂志上有篇文章吸引了我，标题是这样的：快节奏的生活让我们失去了太多。文中列举了快节奏生活失去的最为珍贵的几件东西：健康、激情、享受以及对生活的热爱，甚至失去了人间最珍贵的东西——亲情。

文中说，早在1986年，罗马民众就因有人在西班牙广场纪念碑台阶旁建立了快餐店，而举行了声势浩大的抗议活动，他们针锋相对，以"慢餐"命名自己的组织，以此提倡人们学会享受生活，慢慢品味食物的美味。

抗议活动最终取得了胜利，"慢生活"的理念逐渐被民众认可。政府率先在意大利小城布拉提倡"慢生活"，在各主要路段竖立了时速20公里的路标，提醒人们把行驶时速放慢到20公里，表示享受悠游生活的态度。在那里，你完全不必急着去赶路、急着去上班、急着去赴约，所有人都沉浸在慢生活带来的惬意中。

曾有人对此"慢生活"提出质疑，认为是在为懒惰开脱。但小城的民众却认为，"慢生活"不是在提倡懒惰，慢速度也不是让人们消极怠工，恰恰相反，慢生活则是让大家在努力工作的同时，依然能保持平和心态，既体会了积极进取的乐趣，又细品了生命的真谛，使工作与生活互补，让快与慢节奏均衡，进而达到尽情享受生活的目的。

自己与生俱来的急性子一时半会儿难以改变。就在昨天，一篇文章写到中间时，文路被堵塞，急得我在拍打键盘急点鼠标无果后，便去了书店闲转。

从书架上取下《城南旧事》，一阵急翻便到了后记，有句话吸引了我："有人曾问我最喜欢的动物是什么，我回答说是骆驼，那人便笑，我告诉他，世界上哪有一种动物能比得上骆驼的沉稳？你看它，任何时候都显得那样沉得住气，从不着急，慢慢地走，慢慢地嚼，它心里一定有着这样的信念：慢慢来，别着急，总会走到的，总会吃饱的……于是，我也就学会了它，便默默地想，慢慢地写，最后便慢慢走向成功。"

那一瞬，我仿佛看见，在荒芜的沙漠上，一只驼队慢慢走了过来，那极其缓慢的节奏，却潜藏着淡淡的执著，那缓慢悦耳的铃声，充满了无穷的诗意，不紧不慢地叩击着我涌动的灵魂，我顿时震撼。

出了书店，恰又碰到那位行长朋友，他捧着一束玫瑰花，我笑问他，莫不是送给哪个情人？

他笑吟吟地打趣："没错，是情人，今天她生日，是该表示一下的。"

说话间，旁边冒出一女士来，这不是朋友的妻子吗？

　　我不由感慨："真有你们的，孩子都快高中毕业了，你俩竟还这样浪漫？"

　　朋友正色道："浪漫就是放下，而放下的时候才最宁静。"

　　我顿悟。

借势发挥

　　"借势发挥"是借别人的势力而强大自己的一种做人策略。

　　一天，汉武帝的驯马官和班固各骑一匹奉旨的枣红马风驰电掣般自西向东而来，当他们来到离目的地15公里外的树林时，两人已是汗水淋淋、气喘吁吁，于是双双下马仰卧在草地上休息。忽然，从林中窜出四个手持长矛刀剑的强盗，其中两人用长矛逼住班固和驯马官，另外两人抓住了马缰绳。

　　"要想活命的话，就留下马！"其中一个强盗咬牙切齿地说。

　　"是！"班固沉着地答道。

　　驯马官一听班固的话，想要站起来同强盗拼命，被班固悄悄用手拽住了后襟。四个强盗见他俩被制住了，便冷笑两声，牵着马朝林外的小路上走去。这时，驯马官吹出一种让马止步的口哨。那两匹马立刻站定在地上，任凭强盗如何抽打也一动不动。驯马官见御马被抢，心急如焚，一时间没了主意。班固镇定自若地说："不必发愁，发愁也没用。走，我们出了林子再说。"

他俩刚踏上来时的路，迎面过来了二十多个担着酒罐的挑客。班固急中生智，想了一个办法打算要回御马。胸有成竹的班固二话不说，就朝头一个人挑的酒罐踢去，两个酒罐应声先后落地，酒洒了一地。班固没等对方明白是怎么回事，拉起驯马官的手朝着四个强盗与御马站立的地方就跑，刚跑了十几步，这些挑客见班固大白天故意踢碎酒罐，便纷纷抽出扁担大声吆喝着从后面追上来。再说那四个强盗正死拉硬拽这两匹不肯挪步的马，忽见一群人高举扁担朝他们冲了过来；又见马的主人在前面带路，以为是他俩找来了帮手，便再也顾不上要马了，急匆匆朝林中逃去……这伙挑客见吓跑了几个手执刀矛的人，还不知道怎么回事，等到了跟前听班固一说，这才化怒为喜，连声称赞班固机智勇敢。班固和驯马官从怀里掏出了银两，加倍赔偿了挑客的损失，这才上马飞驰而去。

中国传统智慧崇尚的是"能屈能伸"。势力强大的时候乘势反击固然值得肯定，势力单薄的时候善于借势反击更令人赞叹。

机会是成功之本，这就需要任何人在机会面前都必须处心积虑，利用好手中的每一次机会，做到借势发挥。借势发挥为聪明人的谋胜之术。如果一个人能细心观察身边的事物，并能够把握彼此之间进退的尺度，在必要的时候借势发挥，平衡一下各个方面的力量，自然会更利于事情的发展。

匠人的态度

有一年，我家里请木匠干活，近半个月的时间，我和这些木匠师傅们在一起干活，一起吃饭。他们是匠人，我帮下手，搬搬凳子，拿颗钉子，跑料进料。匠人的工作，让我肃然起敬，那就是他们的工作态度，绝对的一丝不苟。他们一把卷尺时刻放在上衣口袋里，不能放在别的地方，放在其他任何地方都不如放在上衣口袋里方便，随手就可以掏出来。因为木匠的工作时时刻刻都离不开尺子，只有放在这个地方才一摸一个准，用起来方便，不耽误工作。还有一支铅笔，也不能随处放，就放在耳朵上。放在耳朵上最为方便，随手就摸下来用，用完了再放上，想不到耳朵之上这点地方，就是木匠放铅笔用的。

"嗜之越笃，技之越工"，这一生活哲理，特别能体现在匠人身上。只有这样的人才配做匠人，没有这样的精神只配拉大锯。我发现木匠是几何大师，在他们的手里没有废料，一块再不像样的木头，无论是长是短是粗是细是弯，他们都可以派上用场。够个什么料，不是用嘴说，也不是用眼说，这些虽可以参考，但都不是权威，他们只用尺子，用墨线。把握不准的就打上条墨线看看，能取多少料，能取什么料，就用墨线说话。他们的一切准则除了尺就是线，没有别的标准，没有其他任何权威。嘴上说的不算，谁的话也不是权威，必须用尺子量一量，用线校一校，才算数。

匠人们好像有技痒之癖，他们做起活来都很卖力。每一次工作，好像都是一次学习进步提高的机会。请匠人在家里干活，我从他们身上发现了许多的道理和优点。有时他们正吃着饭，忽然瞅到了桌下某一块料，适合做什么，大家争执起来，最后一人放下筷子，掏出尺子一量，就有了答案，其他意见全部停止，因为尺子最有发言权。我感觉他们很有意思，他们"死板"得就像工具，规则就是尺，就是线，一丝一毫全在尺上、线上。他们的尺子随时就从口袋里摸出来，随时从耳朵上摘下铅笔，随时记下答案，差一丝一毫都不行，否则，卯就不是卯，榫就不是榫。

这让我想到了生活中的很多事，实际上很多人并不喜欢规则，并不想要规则，能变通的都想变通，能作弊的地方都想作弊。只剩下那些只能遵守规则的地方，让我们看到规则的存在。因为这些地方必须有规则，必须遵守规则，规则是个无言的天使。

没有不受伤的船

买车后，驻4S店的保险专员给我特别提醒："新手上路，磕磕碰碰是难免的，发生剐蹭，一定要保持冷静，莫慌莫怕，停好车立即报警，让交警留下记录，再打我们公司全国统一的电话报案。后面的事，交给我们就行了。"

新手驾新车，新鲜且新奇。上路不到十天，有次晚上，我在自己的道上正常行驶，迎面横穿过来一辆电动三轮货车。我一个急刹，却还是听见"嘭"的一声，三轮车还是撞到我的车头右侧。那人溜之大吉，等我下车，早不见那三轮车的踪影。碰伤不算很重，只留下几道划痕。按保险专员当时大致讲的修理价，这一划就划掉了我三四百块钱，气得我咬牙切齿，骂个不停："撞了我车就跑！也太缺德了！"

新车被人划成这样，心里很不好受，郁结了老半天。

与同是新手或后新手的朋友闲聊，谈到剐碰，个个都怀揣一本厚厚的烦恼经。新车上路，不说划得伤痕累累，多多少少总会留下或深或浅的痕迹。看停车场里的各式汽车，右前侧（也即司机盲区）被划出深浅不一的伤痕的不少呢。也有车门车尾等处留下难看的印痕。

在网上，读过一篇短文《大海里的船》，印象最深的是这段："英国劳埃德保险公司曾从拍卖市场买下一艘船（一直停泊在萨伦港的国家船舶博物馆）。这艘船1894年下水，在大西洋上曾138次遭遇冰山，116次触礁，13次起火，207次被风暴扭断桅杆。它虽然伤痕累累，但从未沉没过，依然负重前行。……参观完后人们纷纷留言抒发感慨，仅留言簿就用了几百本。留言中最多的一句话就是'在大海上航行没有不受伤的船'。"和海上航行的船一样，路上行驶的汽车，哪能不碰擦，哪有不受伤的呢？

若想让船不受伤，唯有让船停靠在风平浪静的港湾，永不出海；若想让车不受伤，唯有把车停泊于封闭的车库，永不出行。如此这般，无风无浪亦无忧，车船永安永逸。车船主固然不必担惊受怕，但你想过车船的感受吗？不出海的船，不出行的车，它们存活于世还有什么意义？船的故乡在江海，道路是车永恒的诱惑。车船从未惧怕在路海上受伤，它们把所有的伤口都化成生命的意义，变成美好的记忆。

有次带孩子出去玩，有个小女孩一不小心摔倒在地，膝盖流血……妈妈责怪爸爸，抱起孩子感叹道："这会留下疤痕的，长大以后，不好穿裙子啊！"年轻的爸爸说了一句富有哲理的话："疤痕是上天盖在勇敢者身上的美丽印章！"说得多好呀，伤痕是美丽印章呢！疤痕是人与自然亲密无间的副产品。不能因为这个副产品会带来痛楚，就去刻意拒绝亲近自然。疤痕在赋予伤痛的同时，也在锻炼人的意志，培育出人的抗挫力来。

江湖人传颂："人在江湖漂，哪能不挨刀？"话糙，理不糙。歌曲《人在江湖漂》的歌词很励志，很有意思："要活着就不要怕挨刀，多了困难会更少；要攀登就不要怕摔跤，爬起来走你的光明大道……铮铮铁骨的男儿汉/千锤百炼中得到！"做人要像海里行船，路上行车那样，不怕困难，勇敢向前，不怕疼痛缠身，不怕伤痕遍体，勇闯天涯展风采。

人生如道上行车，哪能不受几次挫折，不遇几个痛点呢？人生在世，受伤是必然的，每一道伤痕里都蕴含着生命的韵律，勇敢、坚毅和执着等音符袅袅婷婷地流淌其间。每一道伤痕都是一面旗帜，顺着它往前走，我们不断地累积理性和经验，走向成熟和稳健。人生因伤口而更有分量和内涵，生命因了伤疤而更精神，更有力。

新手开车免不了要给爱车盖上几枚"美丽印章"，经历伤痛会坚强，留下伤痕会勇敢！这样想着，再看新车上的划痕，内心不由地释然了。

梦想与面包之间隔着惰性

"吴小姐，不是我无理取闹，但我的不幸，唉，都算是你造成的。"

演讲会后，有一位少妇模样的女子走过来，对我这么说。一时之间，我有些恍惚……不会吧，我跟她的不幸有什么关系呢？怔怔了几秒钟后，我开始怀疑眼前这个模样端庄的少妇精神上有问题。但是，除了眉宇之间的淡淡愁容之外，怎么看她的眼神都与常人无异。

"你的不幸与我有什么关系呢？"我决定问到底。

"是这样的，我先生是你的读者，他……本来是上班族，忽然有一天，他辞了职，说他要追求自己的梦想，要跟你一样，去做自己想做的事，追求自己的人生。"

"结果呢？"

她说："到现在为止，他已经失业两年了，本来还积极开发自己的兴趣，会去上摄影、素描课程等，后来也没看他上出什么心得、培养出什么专长来，也看不出他的梦想到底在哪里。现在，我只看见他每天上网和网友聊天，约喝下午茶，唱KTV，动不动混到三更半夜……家里的经济只靠我支撑。我也是个明理的人，一说他，又怕伤了他大男人的自尊心，或者成为阻碍他梦想的杀手。我想他这样下去，只能跟社会与家人之间脱节得愈来愈严重，我该怎么办？"说完，又重重地叹了一口气。

她的困境还真棘手，在她叹气的一刹那，沉重的罪恶感压在我身上。我想，我不是完全没错。

我常在签名时写上"有梦就追"四个字。对我来说，有梦就追，及时地追，是我的生活态度。我总希望，在人生有限的时光中，我们的缺憾可以少一点，成就感和幸福感都可以多一点。错只错在我对"有梦就追"这几个字，解释得不够多。"有梦就追"，在实行上有它的复杂性，特别是在梦想与面包冲突的时候。

当我们看到一个人真心追求自己的梦想，愿意少赚点钱，多折点腰，我们也都有佩服之情。我认识几个很会画画的朋友，本来在待遇不错的报社、广告公司工作，后来都决定离开上班族的轨道，回去当画家。这时，我绝不会用"画画是不能当饭吃的"来泼他们冷水，而是祝福他们："有梦就追。"事实证明，他们都能用自己的天分画出一番天地来。

我不认为梦想与面包一定相违背，本来只想追求梦想，但后来以梦想赢得面包的人，大有人在。

当然，有时候我们是在和现实赌博，总还得靠点运气。运气不好的，可能像梵高，生前连一张画都卖不掉，忧郁而终。

不，梵高不算是运气不好的。他好歹还有身后名，而且是响响亮亮的身后名，这可不是每个艺术创作者都能享有的好牌位。还有数不清的画家，一样用了一辈子力气来画画，生前潦倒，死后也没在艺术史上占个小位子，根本被彻底地遗忘。

追梦的本身是个赌博，但也不是单纯的赌博。你的才华愈高、想法愈周全、技术愈无懈可击、经验愈丰富、付出的努力愈多，或者人缘愈好，赢的几率就愈大。

值不值得？就只有自己能判断了。赢了，通常还得感激许多懂得赏识自己的人，而输了，则没有任何理由可以怨天尤人。无论如何，我肯定人们追求梦想的决心，因为我们这一辈子，总该做些自己觉得值得的事，尽管旁人也许会发出一些名为"关心"的杂音来阻碍追梦者的脚步，但自己的人生总得自己负责。问题在于，到底你追寻的是梦想，是理想，还是白日梦？

我不是没有泼过别人冷水，因为每个人情况不同。

"你认为我应该辞职做个专业作家吗？"曾有位银行职员这么问我，"我想在家里写写稿子就好，印书就好像在印钞票，比我现在在银行当过路财神好。"

"你立志从事写作多少年？开始写了吗？"我问。

"我现在太忙了，我打算辞职才开始写，"他说，"我以前作文写得还不错，被老师称赞过。"

"我想，你最好考虑考虑，"我忍不住说了，"因为，不像你想象这么简单。"我钦佩那些"肯定自己的梦想后决定辞职"的追梦人，却很怕那些"辞了职才想试探自己的梦想"的妄想者。后者因为想得太简单、做事太草率，实现梦想的可能性实在太小了。

其实，那位转任摄影师还算成功的电子新贵，在他每年领巨额红利时，摄影作品早有独特风格。变成画家的朋友，在当上班族时，本来就画得一手好画。

成功开设咖啡厅或餐厅的转业者，也都不是在开店前才学经营须知、才上烹饪班恶补的。他们早已花了经年累月的时间去考察和尝试，像神农氏尝百草一样的兢兢业业。没有任何成功追求梦想的人，是在"一念之间"成功的。

一念之间以前，不知已经累积了多少智慧与能力。多数人一下班回家，在看电视、睡觉、打电话聊天的时候，这些真正的追梦人为了日后有源头活水喝，还在花力气为自己掘井呢。我们只算计到他成功后可以得到多少面包，却粗心地忽略了他们滴下的汗水。

追梦是一种过程，也是一种必须逐渐建立的生活习惯。谁说你要放弃一切才能追梦？也别再怨梦想与面包两相碍，其实，阻碍你追求梦想的，不是你手头食之无味、弃之可惜的面包，而是自己的惰性。

你还在等什么

　　那一年，我刚升到六年级，站在教室前面的是我们的新数学老师，只听他说道："准备好了，同学们。我们上课的时间有限，请大家坐好。"

　　史蒂文斯先生是我们遇到的一位最奇怪的老师，教我们的第一年，他在学校外面的一座小海湾旁边租了一间房子。他有一辆黄色的甲壳虫式小汽车，但他经常是慢跑着来到学校，这在20世纪70年代的新斯科舍省可是件稀奇而且让人不解的事情。据说他还每天都用牙线，后来有一天，他吃完了包括蔬菜、水果的有益健康的午餐后，我们在教室里亲眼证实了这件事。他的这些习惯在我们当时那个小渔村里，任谁看都是难以理解的。

　　上课铃响了。

　　"好了，同学们。欢迎你们来到新教室，我是史蒂文斯先生，我敢说，我能马上记住你们的名字，信不信？"他拿着一摞数学书，绕着教室给我们每人发了一本。发完书后，他回到教室前面，看着我们。我们也睁大了眼看着他。"你们还在等什么？

学去吧！"他说。

我们看着他，不知所措，不是要他来教我们吗？

"你们的耳朵有问题吗？你们都是聋子吗？"

教室后排一个胆大的学生问出了一个我们共同的问题："史蒂文斯先生，您将要教我们吗？"

"废话！"史蒂文斯先生回答。"你们都是聪明的孩子，打开书，看看里面的内容。如果你们遇到任何困难或难解决的问题，那就举手，我会帮你们解答。"

我和朋友波尔互相递了个眼色，随后各自打开了数学书的第一章。竞争开始了，我和波尔后来在家里把所有时间都用在了一课又一课的学习上。史蒂文斯先生非常信守诺言，他会帮助每一个同学解决在学习上遇到的问题。每当有同学遇到了一个问题，他就让班里所有的同学都停下来，给大家讲清这一个问题。他的这个教学方法让我们感到不适应，可确实非常有效。他只是给几个不太听话的学生全面讲过书里的内容，当然不是波尔和我，我们俩就像狗抢食一样争着学习，用一年时间就学完了两本半的数学书内容。

那段时间是我人生中的一个转折点，史蒂文斯先生让我知道了自己在数学方面的特长，并且有能力在所学的任何一门课程里名列前茅。在我们那个小学校里，我在史蒂文斯先生的课堂里学习了两年。

史蒂文斯先生是个怪人，但我很喜欢他。那时候有个非常受欢迎的电视剧，叫《蒙提·派森会飞的马戏团》，里面的演员们把最矫情的英国式幽默带进了我们加拿大人的生活。史蒂文斯先生经常在课堂上扮演一下电视剧里面的搞笑角色，他有时模仿一个迈着鸭子步的德国人，有时学着最新一集电视剧里面的幽默台词。有的人说他怪，我也这么认为，但他知道怎样让一堂数学课变得生动有趣。

在我念到八年级的时候，一座新的初中学校建成了。我们的老学校以前能教到九年级，现在只教到六年级。这样一来，我们这些高年级学生，包括我和波尔，都得坐着公交车去新学校上学。让我们高兴的是，史蒂文斯先生也转到了新学校，将继续教我们数学，我又跟着他学习了两年，在这两年里我学了很多本数学书。

在念九年级的那个春天，学校让我们选择在高中一年级时希望上的班级。每门课都有三种选择：普通班、中级班、高级班。史蒂文斯先生说得很明白：普通班适合没处可去的学生，中级班适合将来想上大学的学生，高级班就是大学预修班。在高级班里也学同样的课程，但你要完成更多的作业，面临更严峻的挑战。我和波尔都觉得普通班会轻松些。"傻瓜！"史蒂文斯先生朝我们俩吼道。"你们应该选高级班，你们俩有这能力。"

我们折中了一下，选了中级班。在我读高中的第二个星期的一节数学课上，我举起了手。不拘小节的新老师怀斯特先生走到我的桌子旁问："你有什么事吗？"

"是这样，我不知道怎么学这一章，您能告诉我一下吗？"

他盯着我的书说："咦？我们还没学这章呢！你比我们的进程快了六章。"

"抱歉，先生，我一直是这样学数学。"

"不用说抱歉，小伙子。"他俯身靠近了我，从他嘴里喷出的大蒜味儿呛得我直流眼泪。"前几章你都懂了？那你应该去高级班。"

"我是想去，可……"我开始抱怨起来。

他打断了我的话。"迈克，这个课堂不适合你，你应该去高级班。我会去跟辅导员说的。"

在新的课堂里，我的学习突飞猛进，也有机会结识了一些和我一样对数学富有热情的同学。这一切都应归功于史蒂文斯先生，那个给我们一本书说"学去吧！"的人。

史蒂文斯先生教的课让我受益终生，每当我面临一个新的挑战时，我就会想起小学六年级时上的第一课。从那时起我知道了，无论面对任何困难，我需要做的不是坐在那里等待，而是积极地开始行动，这样才能更快地克服困难。其实，生活也是一堂课，用一句史蒂文斯先生的话来说：你就学去吧！

努力，先要认清自己

这些年来，我很在意整理身边的物件，譬如时刻保持鞋架的整洁或是书架的一丝不苟。我没有洁癖，也绝非爱做这些与趣味或诗意毫无关系的事情。挫折与谦卑在镜子的死角或侧翼，而这些看似不起眼的日常细节，善待它，它就能成为阳光或氧气，滋润自己，让心沉下来、慢下来、静下来，令坚持在不知不觉中成为一种习惯。一种自我赋予的习惯，一种接受祝福的习惯。

是的，坚持理应被祝福。

在我看来，光有天分是不足以成事的。天分是飘忽云端的锦彩，是闪耀水面的流光，虽然能够感觉，但还并不真正被你攥在手心，成为你的奖杯或者存折。它急促而消瘦，消耗或闲置是摧毁的前奏。当你蓦然想起它的存在，也许它早已随着时光流走，如同女人神秘的睫毛，秋蝉声中，含不住任何一滴眼泪。

安宁与怜悯并肩而立，我们必须打破这样的沉寂。当你发现某种天分洋溢，请攥紧它，如同攥紧你的生命。然后朝着它不朽的方向前进，以疯狂的坚持，歇斯底里的坚持，打破砂锅问到底的坚持。我们不惮于进展缓慢，亦不惮于走向极端。沿途风波恶，反复的全是诱惑，当我们的目光一丝不动，当肌肤古铜，背影沉重，当我们的宿命干净，请牢记，这一切应非苦吟，这应是"未到江南先一笑"，因为丰收与呼吸一样清晰短促，唾手可及。

问题是，人人都可以忍受屈辱，但并非人人都成为韩信。

这个问题的核心不在于坚持得够不够，而是误入了旭日刀锋般的光辉中，隐藏的那一团善良的阴影。

那是谎言，那是固执，那是所谓的"勤能补拙"。

勤能补拙，拙有何用？补拙等于南辕北辙，等于哪壶不开偏去提哪壶，等于发现天分之后偏偏逆向而行，等于自己谋杀自己。我不敢想象，倘若陈景润固执补拙去踢足球，博尔特固执补拙去电脑编程，吴清源固执补拙去研究天文，克林顿固执补拙去救死扶伤……这个世界将会变成怎么一番模样。人倘不能循天分而动，越是坚持，越是自我损耗，伤害也就越大。可偏偏我们的教育就是要传播"全面发展"的美名。中医的英文不好，不能毕业；工程师记不清主义，不能继续深造。字典燃烧，哲理哭泣。唯有愚蠢和狡黠笑得开怀。

判断坚持还是固执，关键的第一步，还在于认清自己。

脾气小点，肚量大点

在唐朝，张延赏是个有脾气的人。

张延赏的脾气源自他的底气。他的老爸很牛，就是开元名相张嘉贞。他也不虚名，饱读诗书，博涉经史，而且很有胆略。建中四年（783年），张延赏出任西川节度使，立足未稳，就被造反的部将赶出了成都。他不动声色，悄然杀了个回马枪，一举将叛乱平定，稳定了唐朝的西南一隅。

张延赏发起脾气来，有时并不管对象。

大历十四年（779年），吐蕃和南诏联合向唐朝发动了进攻。当时有"天下第一名将"之称的李晟率神策军入蜀，击败了入侵的贼寇，大获全胜。不过他从四川撤军的时候，悄悄带走了一名叫高洪的营妓。张延赏听说后，勃然大怒，立刻派出部队追上李晟，把高洪带了回来。

有人说张延赏是因为也喜欢高洪，才如此的争风吃醋，但在这件事上，张延赏发脾气并非纯粹耍浑。在唐朝营妓是有编制的，也是正式的国家录用人员，即使你是元帅，要带人走，也得走个调动手续吧，所以张延赏占在了理上，李晟就是再牛也没办法。

问题是，李晟从此黑上了张延赏。贞元元年（785年），唐德宗准备任用张延赏当宰相，征求李晟的意见，李晟态度明朗，坚决反对。

德宗为难了，两个人都是国家的顶梁柱啊，他们闹起了矛盾，国家的大厦不就有坍塌的危险吗？于是，他急忙当起了和事佬。德宗找来了德高望重的韩滉，让他出面做李晟的工作。韩滉曾经有恩于李晟，李晟又十分豪爽，一说即通。韩滉说："你干脆好事做到底，给皇帝写封推荐信，大家都有面子。"李晟二话没说，也照办了。

德宗非常开心，特地把张延赏也召入京城，亲自宴请二人。当着皇帝的面，两个人把当初的结子也说开了，德宗命人拿出一段"瑞锦"，分别系在两人的胳膊上，表示和解之意。这场由皇帝导演的和解大戏演到此几乎皆大欢喜，然而接下来的事，则是所有人始料未及的。

几杯酒落肚后，李晟突然站起来对张延赏说："古人说不打不相识，我们也算有缘分。我听说张大人有个女儿，在此愿替我的儿子求亲。"

张延赏本来就是"被和解"，有皇帝的面子关着，不敢不如此，此时听到李晟竟然蹬鼻子上脸，要与他结亲，再也按捺不住他的脾气，面色一沉，断然拒绝说："我女儿还小，请李大人另觅高枝吧！"

李晟也来了气，愤然说："我是武夫，有什么旧恶，一杯酒之间也就烟消云散了。你们这些所谓的知识分子，脾气倒是大得很，冒犯不得呢。虽然表面笑眯眯的，其实心里还是含恨。你不许婚，肯定是因为你心里愤怒未解！"

一场"将相和"，就这样演砸了。

不过张延赏并没有在这场争斗中落下风，他照样当了宰相。此后在他的精心运作下，把李晟提拔为太尉、中书令，官职是不断地提升，但权力却逐渐地减小，只是"奉朝请"，按时参加朝见而已，山呼"万岁"之后便靠边站了。

吐蕃人敏感地捕捉到了大唐内部将相不和的情报，他们施展了反间计，在贞元二年（786年）提出与唐朝和谈。李晟凭借长年与吐蕃作战的丰富经验，上书德宗说："戎狄无信，不可许。"然而现在朝中掌权的是张延赏，他的原则是"你李晟赞成，我就反对"。于是力主会盟。

这一年闰五月，朝廷任命侍中浑瑊为会盟使节，前往平凉川进行和谈。可是就在双方歃血盟誓，然后载歌载舞庆祝和平的到来时，吐蕃突然撕下友善的面具，图穷而匕首现，发动了突然的攻击，唐军措手不及，几乎全军覆没。

消息传来，张延赏彻底没了脾气。他惭惧交加，一病不起，不久即一命呜呼。更糟的是，大唐的国势从此愈加一蹶不振，滑向了衰落的深渊。

一个人的脾气与肚量往往成反比，脾气越大，肚量越小。从成就事业的角度说，需要的常常是肚量，而不是脾气，而这正是张延赏所欠缺的。生活里，只有让脾气小一点，肚量大一点，才能让我们攀上人生的高峰。

千万别瞧不起谁

上小学时，玄玄就是一个不受同学喜欢的人，他流浓鼻涕，口臭，常常会在安静的课堂上放很突兀的响屁，公布学习好成绩时却从未涉及他的名字。

自然，班上没人瞧得起他，不光男孩子喜欢欺负他，女孩子也没一个搭理他，他在教室里常常是身单影孤，直到中学毕业这种状况也没有改变。

可出乎所有人的预料，参加工作后他却成了老同学中的香饽饽。最早他只是被分到一个大商场去站柜台，后来那个商场划给了外贸部门，他也晋升为一个部门的负责人，专门负责公司的出口转内销贸易。

在那个年月，谁能在单位占据这份工作的位置，就无异于握有了进出幸福大门的钥匙，所有跟他有点关系和绕着弯能扯上关系的人都趋之若鹜地涌到他的身边，可想而知他当时是何等的风光。

那时我在生意场上老是不争气，漫漫熊市一直没有变"牛"

的征兆，有老同学就怂恿我去找找他，也许能争取些机会。

见面后的第一感觉就是，不管我如何表现得谦和、俯首，可他递过来的眼神始终都是一种不屑，那种用眼角余光看我的表情分明是在说：小时候咋啦？那是小时候，看看现在，来求我了不是？

报复性的"瞧不起"几乎溢于言表，我知道他当时内心反射出的都是来自少年时淤积的原动力，结果可想而知。

我当时没被他"瞧得起"也许是我的幸运，我也把这种被人瞧不起当成了原动力。多年后，当我已经能在所有同学的面前抬起头时，却得知玄玄的生活已跌落到人生最低谷：因腐败被单位开除，因花心被老婆开除，因酗酒被孩子开除……

一次他和另外一个跟我十分要好的同学来找我，说是想让我帮忙在我一个关系密切的朋友公司里为他谋份差事。这对我来说很容易，只是举手之间的事。

玄玄当时一副落魄人特有的低眉、塌嘴、垂肩、弯膝的模样，看见他这副近乎装出来的可怜相，我就想起了当年站在他面前的我，一股无名之火立刻涌上心头，我用毫不遮掩的瞧不起的口吻拒绝了他。

他走后，那个晚上我自觉情绪十分反常，我对自己白天的举止十分懊悔，我知道那种感觉来自对待玄玄的一些语言和态度，我痛恨，我甚至对自己的举动产生了愤怒。

很多年过去了，最近又有了玄玄的消息，听说他已经走出了那段对他来说最最糟糕的人生低谷，他虽然还是没有一个理想的家，没有一份理想的工作，可他因为拆迁获得了一笔相当可观的补偿，他人生的风帆又可以重新张启了。

我甚至可以肯定，他因为有了这笔几乎能称之为巨款的钱后，很多和他已经疏远甚至多年不曾来往的朋友和同学又会重新走近他，他又一次不会再被谁瞧不起，甚至会令一些朋友仰慕。

生活中我们切忌瞧不起谁，也没有什么理由去瞧不起谁，我们不可能知道命运会把我们在哪一天推向哪里，上帝戏谑我们时可能会将我们送到那个曾经被自己蔑视甚至是羞辱过的人身边。那时我们一定会沮丧地想："何必当初。"

我们不要瞧不起一个鞋匠，因为安徒生和林肯的父亲都是鞋匠；不要瞧不起一个路边的拾荒者，因为明天他可能就会中得千万元的大奖；不要瞧不起一个其貌不扬的邻居鳏夫，也许隔日他就会抱得国色天姿的美人归；我们更不要瞧不起一个仕途、商途或生活中受难的朋友，人生自有潮起潮落，他的今天说不定就成了我们的明天。

生活分明告诉过我们：现在值得我们钦慕的人，可能就是原来在我们身边、我们曾经最瞧不起的人。

千万别做星星

做不了太阳就做月亮，做不了月亮就做星星。别以为这句话完全正确，给我最深刻的体会是，做不了太阳就做月亮，但千万别做星星。

那年，我因家贫辍学回家务农。正在为几亩田的收入养活不了一家人而烦恼的时候，村里有一位种植户不知从哪里引进了一种良种西瓜。

结果那年他的西瓜大丰收，光一年赚的钱就盖了一座小洋楼，村里人非常羡慕。

第二年，很多人都去那人家里取经，我也去了。因为要买种子、肥料和地膜等，前期投入较大，很多人还在犹豫，究竟要不要种西瓜。我也在犹豫，于是抱着观望的态度决定再等一年，如果种西瓜确实赚钱，咱再投资不晚。

结果第二年种上了西瓜的几户人家也都盖起了小洋楼，这让乡亲们再次眼红了好长时间。

我想，不能再犹豫了，于是在第三年，我兴冲冲地买了种子、肥料和地膜等准备大干一番。

第三年的西瓜果然大丰收。只是让人伤心的是，那年所有种了西瓜的人都亏得血本无归。因为全村百分之九十的人家都种上了西瓜，家家丰收的西瓜直接影响了西瓜的市场价格。

没办法，我只好外出打工，那时打工的浪潮也掀起了好几层波浪，我知道外出务工的人太多，不一定能找到合适的工作，但我还是决定闯一闯。

在工厂里干了一年，我的收入甚微。这时一位工友发现工业区附近竟然没有一家餐馆，于是就辞工搭了个小棚做起了夜宵。

那一年，那位工友赚的比他打工五年的收入总和还要多，他笑眯眯地揣着一个存折回家建房子去了。由于有了种西瓜失败的教训，我立即辞工将他的小棚盘了过来，并建成了一个小餐馆，雇了一个帮手，不但做夜宵，还做快餐，结果那年我赚来了一个小酒店。

发现商机的人是聪明的人，将商机扩大的人才是成功的人。做不了第一就做第二，做不了第二，千万别做第三。

做不了太阳就做月亮，做不了月亮，千万别做星星。因为一旦陷入了满天的星星之中，就再也没人找得到你了。

真正的态度

假日下午，动手整理荒废已久的庭院，我一会儿拔野草，一会儿清除石头，一会儿剪剪树枝，一会儿找锄头松松土，没做5分钟又发呆休息，就这样，4个小时过去了，庭院杂乱依旧、改善有限，但我已经是疲惫不堪，身上的衣服更是沾满泥土。后来天色已暗，只好暂停，急忙换衣洗澡休息，打开电视，看看当天的新闻。第一则新闻就看到鸿海郭台铭先生参加推广就业活动，郭先生鼓励所有的失业者都要"挽起袖子，弯下腰来"，他自己也"挽起袖子，弯下腰来"，继续打拼。我的眼睛忽然亮起来，一下午整理庭院的挫折豁然开朗，我为什么会忙了一下午，却什么事情也没做好，还弄脏了衣服，让自己身心俱疲呢？

我回想起小时候上山工作的经验：首先要换上旧衣服(脏了、坏了就直接丢了)，准备好所有的工具；到了果园，每个人都会分到明确的工作，大人还会示范该怎么做，才让我们这些偶然上山工作的小孩开始动手。中午休息时，大人们还不时感叹："毕竟是念书的小孩，做起活来就像在玩一般！"听到这样的话，我十分不以为然，我在心里回答："乱说，我做得手都破皮了！"

小时候偶一为之的上山工作，和现在偶一为之的整理花园，其实都一样，虽然我已气喘如牛、疲惫不堪，但离真正的辛苦投入——"挽起袖子，弯下腰来"，还差得远。那我又怎能为了一下午4个小时的投入，但成果不佳、庭院荒芜依旧而感到不满呢？

同样的情境，换到职场上，我时常看许多年轻人的工作不顺眼，因为在工作上，他们也真的从来没有"挽起袖子，弯下腰来"。有个编辑告诉我，为了编书赶进度，他已经一个月没有看电影了。有个记者告诉我，他写稿好辛苦，每周3000字，他经常几天几夜睡不好。还有销售人员吐苦水，为了冲业绩，他已经连续几天每日都拜访3家客户……

听了这些话，我不好告诉他们，我年轻时有好几年没看过电影；也不好说，我当记者的时候每天可以写两三千字；我也不敢说，我做销售时，每天拜访5家以上的客户是常事……因为会换来一句："此一时，彼一时，现在环境不一样了！"

我很想告诉年轻人，每一个人的工作态度、工作节奏、工作方法都不一样，但其中专业、务实、全力以赴，是好工作者不可或缺的精神，每一个人都可以轻易分辨，谁蜻蜓点水、浅尝即止；谁真正"挽起袖子，弯下腰来"。

第六章

坚持就是成功

半字歌

月满则亏，水满则溢，人满则骄，讲的是三种自然现象，又比喻的是为人处世的姿态，也是先辈留下的至理名言。大凡成功人士都说话留有余地，做事掌握分寸，交友注意距离，这就是一种哲学思维，关键在把握一个度。只有中和恭谦，虚怀若谷者，才能海纳百川，兼收并蓄，日积月累，不断迈向心灵的理想王国。

在互联网高度发达的今天，有人网上挂帖："自古人生最忌满，半贫半富半自安；半命半天半机遇，半取半舍半行善；半聋半哑半糊涂，半智半愚半圣贤；半人半我半自在，半醒半醉半神仙；半亲半爱半苦乐，半欲半禅半随缘；人生一半在于我，另外一半听自然。"这就是老子的大象无形，大音希声，法道自然。阴阳平衡，左右兼顾，便不会顾此失彼，剑走偏锋，偏颇极端。"半智半愚半圣贤"，既是做人的思想观念，也是社会实践的方式方法。

人生不顺心事，常十有八九，谁都可能碰到。假若你在现实中遇到了各种难题；假若生活欺骗了你，请不要灰心，不要忘记，首先你不要欺骗自己，选择逃避。消极遁世，饮鸩止渴，不解决问题。要紧处你必须正确抉择，找到合适的应急办法，豁达隐忍中坚持下去。面对无关紧要的事件、场所，可留一半清醒，留一半醉，用真情去拥抱生活。半亩方塘一鉴开，思想源泉涌流来；犹抱琵琶半遮面，有进有退登舞台。这好比世情练达的半半先生，行医占卜，号称"半仙"，介乎于人神之间，上可缥缈升天，不食烟火；下则脚踏实地，共享天伦之乐，达到游刃有余的超脱境界。

旅游登山，半山亭畔正好歇脚，上则山高我为峰，一览众山小；下则曲径通幽处，一步一景观。文武之道，有张有弛，不亦说乎！记得长沙岳麓山的半山亭，是望江天的绝佳景点。据当地人言，这里原为半云庵故址，古庵已湮没不可考，相传鼎盛时庵里的烧火僧耳闻目染，唱出悟佛的半云歌："山半山庵号半云，半庙半地半崎。半山芳草半山石，半壁青天半壁阴。半酒半诗堪避俗，半仙半佛如修心。半间房舍云半分，半听松声半听琴。"对一事物一景一地，半半分寸掌握得恰到好处。犹如雾里看花，如影随形，似是而非，给人一种朦胧美。正像明代诗人梅鼎祚所写的看景诗："半水半烟看柳，半风半雨催花；半没半浮渔艇，半藏半见人家。"仿佛一幅铺开的山水画，在云雾缭绕的仙阁闺房中，走出刚刚揭开面纱的少女，迈着轻盈的碎步，且行且住间楚楚动人。谁又能说这其中不是隐喻着一种做人之道呢？！

最能体会远古先哲中庸思想和道德状态的还要数清代的李密庵，他的《半字歌》真成了人生箴言。"看破浮生过半，半之受用无边。半中岁月尽幽娴，半里乾坤宽展。半郭半乡村舍，半山半水田园。半耕半读半经廛，半士半姻民眷。半雅半粗器具，半华半实庭轩。衾裳半素半轻鲜，肴馔半丰半俭。童仆半能半拙，妻儿半朴半贤。心情半佛半神仙，姓字半藏半显。一半还之天地，让将一半人间。半思后代与桑田，半想阎罗怎见？饮酒半酣正好，花开半时偏妍。半帆张扇免翻颠，马放半缰稳便。半少却饶滋味，半多反厌纠缠。百年苦乐半相参，会占便宜只占半。"既是对自己平生的总结，又是劝世的形象经验。如同常言：五指并拢握拳收臂，是为了更有力地出击。半屈半就，迂回求全，舍末逐本，顺其自然，这才是做人最大的学问。

多懂一点点

　　某大型企业计划招聘一名职业经理人。经层层选拔，两名候选人脱颖而出。二人的资历、才华相当，就连相貌也同样俊朗，但职位却只有一个。面试官们举棋不定，只好去请示上司。上司只是简单扫了一眼二人的简历，就决定录用A。

　　后来大家才知道，原来面试那天，这位上司曾在会议室和面试者们闲聊过几分钟。刚好上司是个中医养生爱好者，而A恰好也懂一点中医，于是二人便聊了几句中医养生的话题。就是这次聊天，让上司对A留下了不错的印象，A竟然因此赢得了这份待遇优厚的工作。

　　比别人多懂一点，有时候并不是多么困难的事，只需在生活当中稍加留心和学习即可，但有时恰恰就是这多懂得的一点点为你的形象加了分，帮你赢得了额外的机会。大观园里，人人都爱薛宝钗，而薛姑娘之所以能赢得众人的喜爱，不只是因为她性格大方懂得做人，还因为她懂的比别人多一些，能在关键时刻提出有建设性的意见。宝钗天性聪明又懂得留心，不仅学会了针线女红，还博学多才，能诗会文。当然这些黛玉也都擅长，不过若论及医疗知识、调配颜料的学问和管家理财的本领，她可就没有宝钗在行了。那么薛宝钗比别人多懂的这些知识又是哪里来的呢？用宝玉的话来说就是"杂学旁收"。通过这些途径得来的知识则极大便利了薛宝钗的生活，母亲病了，她能在第一时间为其开个简单的药方；惜春要画画，她便帮着准备各色画具；探春要改革财政制度，她也能提上不少有用的建议。正因为宝钗各方面都比别人懂得多一些，所以她的人缘极佳，也更容易赢得他人的尊重。

还有《京华烟云》中的姚木兰也是个好姑娘，贤良淑德，孝顺父母。但如果她仅仅是个中规中矩的好姑娘，也未必能赢得这么多人的喜爱。她的可爱之处还在于她比别人懂得多一点点，她爱读书，却并不死读书。从书中她学到了煮花生汤要放一点点碱，就将其应用到了实践中。正因这处处留心的生活智慧，赋予了木兰浓浓的生活气息，使她赢得了人们的尊重与喜爱。

此外著名作家刘墉最初的成功也恰恰得益于多懂的那一点。刘墉的处女作叫做《萤窗小语》，是薄薄的一本小册子。刚写出来时，出版社都表示不感兴趣，拒绝为其出版。刚好刘墉读书时做过校对编辑，懂一点出版知识，于是他自己联系了印刷厂，自费印了几千册图书，结果书一上市就被抢光了，然后一版再版，销路奇佳，刘墉由此走上了专业写作之路。故而他在文章里说："如果不是因为比别人多懂一些，我能有今天吗？"

同样的例子还有新晋谋女郎倪妮，作为一名艺校生，她并未将漂亮当做唯一的追求，而是掌握了拉丁，游泳，写作，英文等多重技能，这些都构成了她的综合素质，使她能够在名导选角时脱颖而出，抓住了命运递出的橄榄枝。

　　所以，君子不器，技不压身，永远不要拒绝多学一些东西，那些看上去零碎繁杂，永远不知道什么时候才能用上的知识，也许就是你未来成功的源泉，会在最关键的时刻帮您抓住机会。因为人生有底色也有辅色，而有时候成就你的，恰恰是那些不起眼的辅色。

三段经历，三种感慨

    从出校门起，我做过三种不同种类的生意，概括起来挺有意思，和大家分享。

    最开始是卖电脑和做系统集成，一个个订单去争取，一个个项目去打拼，要不停地销售、公关。那个时候，喝不完的酒，吃不完的饭局，肚子一天天圆起来（啤酒肚），血脂一天天高起来。年轻的时候还可以仗着身体好，有点本钱，拿着青春赌明天。

    这就像打猎，每次出门不知会碰上什么，也不知道能打到什么。是兔子？是野猪？还是老虎和狮子？运气不好也会空手而归。碰上兔子，第二天还得出去寻找猎物，否则养不活大家；碰到山羊、麋鹿那是最好；要是碰上野猪、老虎，有时还会受伤，弄不好被它们吃掉也有可能。

    打猎会一直处于紧张的状态中，吃了这顿愁下顿，一直在奔波，努力维持着最基本的生存。勤奋和努力也能够过上殷实小康的生活，但不会"发财致富"。而且生活的质量不高，年纪大了就拼不了了。因此，我一直努力想从这种状态中走出来。

后来和几个朋友一起弄了个携程网。搭好框架，确立了行业地位，生意自然来了。平常也不用去喝酒应酬，维护好服务平台就行。

这有点像种树。树种下，只要根基扎实了，树长得足够高，能够得到足够的阳光雨露，就可以享受它的果实了。

再后来做经济型酒店，选址、装修、日常营业，又有点像开荒种庄稼：在合适的位置选好地方，平整、播种，日常维护和料理，一季收割一次。

不需要像做项目一样去"讨生活"，但要在合适的地方，选择合适的庄稼品种来种（选址和产品类型）。选错了，后期再辛苦也是徒劳。就像在华东种植甘蔗，就会因为过多的雨水和不充足的光照，甘蔗的含糖量不高；而选择喜水好阴的水稻最合适。

土地的平整和播种（设计、装修）也非常重要。如果开荒出来的地是块"漏地"（渗水、异味等隐性装修毛病）——不储水，那么水稻就会因为缺水而产量很低；要是播种过密（房间太小），也会因为没有足够的阳光和养分而营养不良；秧插得太稀（房间过大），又会影响产量。

而日常的维护（日常经营）也非常重要，既要灌溉、施肥，也要除草、灭虫害，任何一个环节没有做好都会出问题。

当然，遍布全国的连锁酒店就像大农庄，大兵团作战，规模化运作，需要专业的管理、先进的技术手段来支持。

种庄稼相对容易，种树技巧性强一些，但要做个大农庄，就非常难。尤其在中国这片古老的农业社会中，发展现代农业绝非易事，但这也正是我们的机会所在啊！

春哥的厕所

　　这天刚下班，手机响了，一个陌生的号码。接起，传来熟悉的乡音。猜了半天，那边笑嗔道，阿雷，我是你春哥……

　　一瞬间，我的记忆电光火石般苏醒。春哥大我十来岁，年龄跟我叔叔相当。小时候记得他常骑一辆破旧的自行车，驮着地瓜干来喊叔叔去镇上读书。我上初中时，他已结婚生子，每天赶着辆牛车修理地球了。

　　大约是前年，春节回家过年，听人说春哥现在很趁钱，光在天津就有四套楼房。

　　接到春哥的电话，我半是兴奋半是好奇。按照他的"指示"，飞快来到那家酒店会面。

　　酒喝了一半，春哥告诉我，他在这个城市接了个工程，最少得干半年，所以先跟本村在这混的老少爷们儿碰个头，好有个照应。春哥的古道热肠让我很感动。见我对他"发迹"的历史颇感兴趣，春哥也就敞开了心扉……

　　十年前，春哥跟村里出来的农民工并无二样，靠一手不太出色的瓦匠手艺在天津打零工，一年到头勉强维持一家人生活。有天，他干完活儿回去，憋得难受，四下却寻不见厕所，只好一低头在路边冬青丛里"方便"起来。刚提上裤子，一个城管模样的人就拍了拍他的肩膀递过来一张百元的罚单，他挣扎着想跑却被摁住了。一百元，相当于三天白干了。一连几天，春哥外出干活都不敢喝水。

那年冬天，春哥给一家小门头装修，店里没有洗手间。房东告诉他，要方便去对面的大酒店就行。五星级大酒店，春哥连门都没进过，便问，看门的不让进咋办？房东说，换下工作服，没人拦你。春哥还是不敢去。没办法，房东带他过去。

春哥忐忑地跟在后边。刚到门口，威严的门童居然笑容可掬地给他们开门，并说欢迎光临。俩人从厕所出来，还坐在宽大的真皮沙发上抽了根烟歇了一会儿，并没人来撵，春哥心里悬着的石头终于落了下来。走出那家大酒店的时候，春哥"感觉自己身体挺直了许多"。

从此以后，春哥再也不怕找不到厕所了，大酒店、写字楼、麦当劳，推开门就能大大方方地走进去"方便"。

打工的第四年，带他们干活的小包工头揽了一个更肥的活儿，想把这个挖地沟的"鸡肋工程"转包出去。手下一大群人没人愿意接手，都怕操心。当晚，春哥给小包工头打了电话，约他在一个四星级大酒店见面。那天春哥收拾得很利索，金碧辉煌的灯光下，春哥果断地点了酒菜。就这样，春哥很顺利地接下第一个活儿，年底挣了两万。

此后，春哥转战城郊接合部，渐渐越做越大，后来自己在天津买了房子、车子……

春哥说，有了自信，干起事儿来就有了动力，别人也愿意跟你合作、愿意帮你。刚到城里的头两年，光知道闷头干活，辛辛苦苦却挣不到钱，原因就是自己没想法。而一旦视野开阔了，想法也就变了——就像刚进城时，解手专门找旮旯儿，现在却能随便走进一家高档场所"方便"，还有人给开门。其实他不知咱口袋里有多少钱，但那股子精气神儿让人不敢小瞧。人活什么？不就是一股子气吗！

行动产生的能量

陆超是个普通的铁路工人，当初是接父亲的班进入铁路系统工作的。工作几年后，因为铁路系统裁减人员，陆超不幸被裁减下去。

下岗回家后，全家人都很郁闷，家人担心陆超心理压力过大，纷纷劝说陆超别上火，在家里好好休息一段时间，然后再出去找工作。父母这么安慰："儿子，千万别着急，你就是3年5年不出去工作，我们也能养得起你，千万要放宽心啊。"陆超感到很可笑，爸妈真是太小看他了。第二天一大早，陆超就出去了，爸妈问他干什么去，他说心里烦，出去散散心。爸妈会心地对视了一眼，然后齐声说："好！好！出去散心是好事情。我们就害怕你在家里闷着，闷出心病就麻烦了。"

陆超溜达了一上午，最终在离自己家不远的一条街上找了个小门面，他决定卖早点。下岗的时候，单位给了他一些买断工龄的钱，开个早点店绰绰有余。陆超上午交了房钱，下午就买了个人力三轮车，然后驮来新买的一些桌椅、炊具。以前单位食堂的老杜也下岗了，晚上，陆超找到了老杜，邀请老杜到自己的早点店里当厨师做早点。老杜特别高兴："你这小子，速度快得惊人，头天下岗，第二天就准备当老板，第三天就正式开业，真是个快手啊。"

下岗的第三天，陆超的早点店就正式开业了。老杜在单位食堂干过多年的厨师，做早点简直是小菜一碟。陆超在经营中跟老杜学会了做早点的手艺，并且很快就成了熟手。

如果按照盈利的百分比来计算，卖早点虽然是本小，但是盈利却并不薄，而且没有赊欠的，几乎没有什么风险，就是辛苦点而已。

陆超的早点店当月就盈利，去掉给老杜开工资以及其他的费用，陆超挣了将近3000元，比以前上班的时候挣的还多。

陆超的早点店一般上午10点就关门了，他报了个厨师培训班，每天上午10点多去市场买好第二天需要的蔬菜、肉等，交给老杜准备第二天的材料。下午，陆超就去厨师培训班学习。两个月后，陆超从厨师培训班学成，就把早点店改成了小吃铺，不但卖早点，还卖一些家常炒菜。他和老杜同时下厨，完全能忙得过来。虽然工作量加大了，但是给老杜涨了几百元工资，老杜也乐意辛苦一些。

一年下来，陆超挣了7万多元，他用这7万多元作本钱，重新租了个4间门面的店铺，招聘了几名厨师和服务员。陆超任命老杜为厨师长，让他掌管后厨的一切事务，自己就忙着采购以及招呼客人，有时候，客人很多，厨师人手不够，陆超这个老板就亲自掌厨。

陆超下岗后的第四年，已经有了两家饭店，每月盈利都有两三万元，这个收入是他以前上班的时候根本就不敢想的。

那天陆超检查工作的时候，作为一个分店店长的老杜佩服地说："陆超，说实在的，下岗的第二天你就决定卖早点，你真是果断啊。几年过去了，一起下岗的兄弟们，你是干得最好的，我真是佩服！"陆超笑了笑："没有什么值得佩服的，我在铁路上干过几年，我看明白一个道理：火车头停在铁轨上，为了防滑，在它的8个驱动前轮前，各塞了一块3寸见方的木头，它就无法动弹。但是，当它的时速超过100公里的时候，堵两尺厚的墙也能穿过。这就说明，行动起来后，火车的能量是巨大的。人也是如此，光说不做，有什么能量？只有踏实地干了，只有行动起来了，才会产生比较大的能量啊……"

不说空话，不瞻前顾后，踏实去做，埋头苦干，这是所有成功者的共同点。只有"行动"，才会产生能量；只有"行动起来"，事业才有可能成功……

坚持就是成功

她出生在一个贫穷的农民家庭里，十二岁读小学五年级的上学期时辍学。因为一直喜爱文学，没事的时候，她就找出父亲旧箱子里的藏书，捧在手上贪婪地阅读。

在她十六岁那年，姐姐为了生活，决定外出打工。那天，她望着姐姐瘦弱的身子背着一个比她还要沉重的包，艰难地走出田间小道，一股忧伤涌上心头。要不是家里穷，几亩薄田维持不了生计，姐姐也不用出去受苦。她暗暗责备自己没用，不能为家里分担一点负担。

一天，她在读完箱子里的最后一本书后，突然萌生了一个念头：为什么光看别人的书，自己不写呢？说不定写出来，能改变自己的命运呢。从那天起，她拿起了笔。

一个只有小学五年半学历的小女孩打算写书，这是一件多么不可思议的事呀。有人说她不自量力，也有人说她写十年也不会有什么结果，还有她的家人也百般反对。面对种种压力，她选择了坚持。

由于文化基础太差，一下笔就遇到了许多困难。有不会写的字，不懂的词，她就去查字典。一本几代人用过的《新华字典》被她翻烂了。

山里人农活多，她总是利用空闲时间，伏在窗前的破缝纫机上写作。稿子写了一摞又一摞，装订得整整齐齐的手稿有一尺多厚。由于没有电脑，她每写一部小说都要经过多次修改和誊写，一部30万字的小说，要抄写100多万字。

父母被她坚持不懈的精神打动，从反对到全面支持她。

经过三年的努力，她终于完成了第一部武侠小说。她试着往出版社投稿，可是由于武侠市场萎缩，这部花了无数心血完成的作品最终遭到了埋没。

姐姐听说这件事后，劝她写一些小稿。于是，她试着给一家杂志投了一篇爱情短文，半个月后，稿子被退了回来。原因是：不符合杂志风格。

父母手头拮据，没有多余的钱给她提供纸笔，她便偷偷地跑到垃圾堆里拣废品，买来最便宜的草纸，用刀子裁成一张张的纸片，装订成本子。夏天，家里没电扇，她被蚊子咬得满身是包；冬天没有取暖器，两只手冻得像包子。有一次，在裁纸的时候，她还不小心被刀子划伤，流了很多很多的血……

寒来暑往，转眼五年过去，她凭着顽强自学和常人难以想象的毅力，创作了七部长篇小说，字数达到两百多万。可是由于乡村信息闭塞，写出的手稿一直没有找到婆家，她苦心创作多年，仍然一无所获。村里人都笑她做白日梦，有的还劝她早点谈个朋友嫁了算了。

然而，她不甘心成为等嫁、等死的"二等"人，她想做些有价值的事。她认为，虽然写书还没获得什么效益，但至少做自己喜欢的事，也是一种享受。

面对别人的冷嘲热讽，她也悲伤过，绝望过，可是想到辛苦了这么多年，在梦想还没有实现之前，绝不能轻言放弃。

无数次投稿失败，使她认识到手写稿的落后。于是，她进入了武汉一所比较便宜的电脑学院学打字。

她报的是计算机中级班，班上几十名学员大都是读过中专或者大学的，她是唯一的"小学生"。因此，在学习上她与别人有很大的差距。刚开始，她连二十六个英文字母都不会。经过几个日夜不眠不休，她才背熟字母和字根。一个月后，电脑老师公布全班同学的学习情况。别人每分钟打40多个字，而她每分钟只能打15个字。她意识到，自己该努力了，绝不能白白浪费有限的时间和父母的血汗钱。从那天起，她非常刻苦。每天一上机，一双手就在键盘上飞舞。累了她也不歇，坐得腰酸背痛，也不起来活动一下。晚上休息的时间，她还用一个硬纸盒做成键盘的样子，在上面画上键位，双手不停地练习。结业那天，她以每分钟117个字的速度赢得全班学生和电脑老师的赞赏，光荣离校。

她原想打年把工，买台电脑再创作。然而，家里突然写信来说，父亲的腿摔伤，需要人照顾，她只好辗转回乡，继续用笔创作。虽然写作路上清贫而艰苦，可她矢志不渝。

　　皇天不负苦心人，一年后，她迎来了一位出版社编辑的约稿，试着投了一部反映打工者生活的作品，两个月过去，她终于接到该书审查通过，准予出版的好消息。

　　书出版后，得到了社会各界的关心。人们赞誉她是"改变命运的典范"，说她的精神值得学习。该区的一把手还亲自送了一台电脑鼓励她继续创作。现在的她，通过自身的努力走出了乡村，在大城市取得了一份不错的工作。

　　这个人就是鄂州市农民女作家陈家怡。她之所以能实现梦想，是因为她坚持走自己的路，把别人的打击当做创作的动力，其锲而不舍的精神十分可贵。如果之前她遇到困难就放弃了，将一辈子碌碌无为，永远也尝不到甘甜的果实。所以说，不管做什么事，一定不能半途而废，坚持才能获得成功！

失败中的领悟

从原来上班的单位辞职，经过短暂的调整后，我便开始寻找新的工作。

一家有盛名的外贸公司招聘业务员，我对照了自己的条件，决定前去应聘。到了那儿我才知道，在公司开出存厚待遇的诱惑下，已经有300多人报了名，而公司只招两个人。而且两个人中还要在三个月的试用期内淘汰一人，真是百里挑一呀！也就是说最终只有一人可以正式成为公司职员。可想而知，竞争是非常激烈的。我喜欢这样的竞争，因为自从参加工作以来，业余时间我一直在巩固专业方面的知识。我相信自己一定能在众多的求职者中脱颖而出。

事实正如我预料的那样，尽管招聘单位的考核严格得近乎苛刻，但我依然能够轻松自如地应对。经过笔试、面试、答辩等一系列考核后，我的成绩始终名列前茅。结果，我和第二名——刚从学校毕业的一位女孩晏紫有资格进入试用期的行列。

在试用期间，我同样非常自信。我二二分卖力地工作，把书本上的学的知识同实践结合起来，显示出比晏紫更大的优势。我通过其他途径了解到，晏紫只是大专毕业，无论专业水平还是实践能力似乎都比我稍逊一筹，随着时间的推移，谁留谁走似乎已成定局。

试用期的最后一天，我突然接到通知，让我今天下午就可以去财务部领工资，领完工资就可以离开了。我随口问："晏紫被留下了吗？"来人摇了摇头，说我马上也要去这样通知晏紫。

看来这三个月的心血白费，我的心情一下子降到了冰点，只好垂头丧气地来到财务部。从会计手中接过工资袋，打开一数才3000元，原来不是说好试用期是每月1500元工资的吗？我问会计，会计说我也不知道是什么原因，是老总亲自交代只给3000元的。

有点欺人太甚了吧！我一定要打老总问清楚。我拿着工资袋就往老总办公室走去。但走到楼梯口我来了一个急转弯，这说不定是老总投下的一个考核项目呢。换个位置想一想，有谁愿意用一个与单位斤斤计较的人呢？可想是想考验我们的素质。想到这里，我不由沾沾自喜，毫不犹豫地转身离开了公司。一路上，我甚至为自己识破老总的计谋而自鸣得意，老总不就是为了看谁更有胆量吗？我暗自想，不出明天，公司一定会通知我回去上班，并对我的这一做法大加赞赏。

过了两天，没有等到公司的通知。我打电话问一要好的同事，同事说晏紫已经被正式聘用。我终于沉不住气了，有种被人愚弄的感觉，为什么聘用的是她不是我？我骑了车直奔老总办公室，一定要向他问个明白！

老总亲自给我开的门，他请我先坐下并对我说："你在整个试用期表现得都很出色。可是遗憾的是，你最终没有通过试用期的考核。"

"你能告诉我，为什么聘用的是晏紫，而不是我？"

"当你发现公司扣发你工资时，你为什么不坚持？为什么不据理力争？在这个充满竞争的社会里，你为什么就这样轻而易举地放弃了你应该拥有的？要知道，属于你的一定要坚持，不要轻易放弃。放弃了拥有，永远也干不成大事。"他接着往下说，"虽然你有丰富的知识、精湛的实践经验，但你缺少维护自身权益的勇气。与你相比，晏紫就做得很好。当她发现公司扣发了她1500元的工资时，立刻就找到了我，说如果公司不补发她应得的工资，她便要将公司告上法庭。我非常欣赏她的勇气，我们外贸公司经常都是同国外的企业、公司打交道，这一点显得非常重要。你试想一下，一个连自身权益都不敢维护的人，我还能指望他为公司的利益挺身而出吗？"

他交给我补发的工资说："这是你劳动所得，公司不会无故扣发员工工资的。"听了老总的话，我无言以对。

锋芒不要太露

职场上因没有能力而失败的人司空见惯，可有些职场人明明有能力，为什么也失败了呢？

前两天看了一档电视节目《职来职往》。在节目中，18位职场达人，通过对求职者的第一印象、现场提问和求职短片三关来对求职者进行现场面试。亮灯表示支持，灭灯表示不支持。

节目进行18分钟后，第一位求职者求职成功，拿到了某公司的推荐信。紧接着，下一位求职者——一位身穿白西服的男青年，在主持人的介绍下翩翩走上台来。一上台，他便叽里呱啦地说了几句外国话。然后自我翻译道：我叫某某某，来自于中国石油大学。刚才呢，我分别用日语、俄语、阿拉伯语，还串了一点儿西班牙语，介绍了一下我自己。紧接着他又说：我想求得一份总经理助理的职位，目标月薪是8000元。

在整个介绍过程，我注意到，他的身体晃动幅度非常大，右手不停地打着手势。特别是讲到那几国语言的时候，手势动作非常强劲。当他介绍完自己时，还转过头，得意地看了看主持人。

这些细节已经把他不可一世的态度暴露无遗。

当有嘉宾问他，你们石油大学的毕业生到底好不好找工作时，他便开始滔滔不绝地发起感慨。从最初入学时听说的年薪20万，到去年找工作时，某公司人力经理告诉他的月薪800元。最后，他又补充一句："不过，最近工资涨了，前两天刚问了同学，900元。"这时，他伸出手，又做了一个"900元"的手势，一副怀才不遇的样子。在他讲话的过程中，18位达人有的在低头翻看手中的资料，有的在打哈欠，均表现出不同程度的厌烦。

当主持人请18位达人给他的第一印象示灯时，18盏灯只亮了11盏。主持人请灭灯的一位达人做点评。那位东方风行乐峰网副总经理语言犀利地说："我有点儿快听不下去了。因为我觉得，从你出来到现在，太不真诚了。你所有的状态，就像你这白西服一样，太装了。"

第二关进行的是专业技能考评。当一位达人向他提出问题时，他却所答非所问："这个听起来就是一个项目跟进的内容。"那位达人再次强调，你只要回答我的问题就可以了。此关结束后，亮着的灯只剩下了5盏。

在第三关求职短片中有这样一个画面，一个女生坐在草地上哭，他过去对她说：唉，哭什么呀。工作不好找有没有？工资不够花有没有？还是男朋友不够给力有没有？学石油的伤不起呀！

总是把"石油大学的"、"学石油的"挂在嘴边。让人不禁觉得，此人不懂收敛，过于浅薄和浮躁。

接着，主持人请光线传媒的一位总经理做点评。这位达人说，我非常想把我这些年来一直牢记的一句话送给你：懂得太少，表现太多；才华太少，锋芒太多。不要再把知道的那一点点东西全部表现出来，那不是你的优势。

到最后，18盏灯全部熄灭，他的求职以失败告终。

一位名牌大学的高才生，就这样在舞台上失落落地飘过去了。虽然后来他把自己的工资标准降到2000元到3000元，可还是没有一位达人愿意录用他。

他的教训告诉我们，面对复杂纷纭的职场，永远不要以为自己知道了一切，自以为满腹经纶恃才傲物，只能导致做人及事业的失败，这不是智者的所作所为。

差别就在两小时

晚上的闲暇时间你用来干什么？很多人一回想，除掉吃饭睡觉，晚上的时间好像都混过去了，看无聊电视、上网，晚上一晃而过。

本来，我对这个也没什么特别的想法，觉得大家都这样吧，人生本就是如此。但是，我的一位朋友，前年通过各类考试作为优秀人才引进机关宣传办，她改变了我的很多看法。

有一次，她无意中跟我聊起著名的哈佛两小时，让我意外之余心生佩服。哈佛有一个著名的理论：人的差别在于业余时间，而一个人的命运决定于晚上8点到10点之间。

她毕业后由于专业原因，分配得特别不好，而且一待就是7年，这7年，跨越了她最好的年华。这7年，她干了什么？按说，她所在的国企不死不活，混日子倒是好混的，结婚生子，循环往复，忙忙碌碌，很多人根本不会思考什么不切实际的东西。她呢，不一样。上班大家都一样，按部就班。下班以后呢？每天除掉吃饭睡觉干琐事外的两小时，她跟别人不一样，大家的书是一本一本地看，或者一年看不上一本，她是一摞摞地看，开始撰写各种专业论文。隔一段时间，她间或参加几个训练班：演讲班、昆曲试唱班、面包烘焙班，有时还去听女性讲座……日子满满当当。

我问她为何连面包烘焙也纳入了学习计划，她笑着说："万一单位不行，当个全职太太，我也可以露一手。"

昆曲试唱班？她笑："这个嘛，只是因为我认识的一位大学教授喜欢昆曲。她唱昆曲时的表情，让我无比动容。有的女人，活得有精气神，这个神，就是投入。说起来好玩，单位搞活动，我三句唱腔就把所有的人震趴下。""哈哈哈。"我们同时乐不可支。

7年时间，两个小时，算算，你在做什么，别人在做什么？电视，娱乐，无聊上网，吵架，训孩子……时间一晃而过。很多人说没时间看书，没时间学习，没时间吸收新东西，没时间陪家人，那么，你告诉我，你有时间干什么？有时间无聊，抱怨不公平？她说："若说不公平，当时我的境遇就是非常不好，一辈子就是在一个不死不活的单位里待着，许多人觉得就这么混着过也挺好，但是，我混得难受。我想，即使是混，我也要混得有滋有味。"

你以为她是个黄金剩女？非也。7年中，她也结婚，生子，同时自己的事情也没放下，她说："很多女人喜欢找借口，似乎生了孩子就不能再前进了，有各种借口让你放弃自己。但我不，我一边给孩子喂奶，一边还可以看英文电影，还可以听有声读物，唱戏，准备第二天的课外演讲，连早教一并完成了，说来也巧，我儿子语言能力特强，是不是跟这个有关？"她每天晚上的两小时都是充实忙碌，一点儿都不觉得累。"你累？那是因为你老是抱怨连天，活在自己的不热爱里，活在自己设的局里。"她说："一边抱着孩子，一边翻着一本专业书，家里播放着昆曲，这种感觉，真的超爽。家和孩子顾着了，自己也没误着。"

第八年的年初，单位进行的选拔考试，她考了第二名，加之面试时得体的语言和训练有素的姿态，让她很快脱颖而出。进来后，她自然是如鱼得水，而且人生的几个阶段，婚姻，孩子，位子，她都有了，她还年轻，才32岁。有些女人，聪明就聪明在，同样是时间，她用得不一样，你再抱怨什么不公平，那你真的是不该了。

痛苦铸就精彩人生

叔本华说：每一部生命史就是部痛苦史。没有痛苦，就没有欲求。我想任何人都不会喜欢烦恼和痛苦的滋味，也不会有人留意痛苦过后回味的滋味，更不会有人会渴望生活在无尽的痛苦之中！可是，当你在不经意间获得了这种痛的滋味之后，你会发现，其实痛苦只是生活的先导，它会给你带来意想不到的体验和坚强。或者说，痛苦是一个挑战，它让人成长，是进步的一个机会，而且往往越是感受到内心的痛苦，越可能激发自己面对痛苦以及找到解决痛苦的通道。

烦恼给了我们寻找自己缺点的机会

如果你生气，是因为自己不够大度；如果你郁闷，是因为自己不够豁达：如果你焦虑，是因为自己不够从容；如果你悲伤，是因为自己不够坚强；如果你惆怅，是因为自己不够阳光，如果你嫉妒，是因为自己不够优秀……凡此种种，每一个烦恼的根源都在自己这里。所以，每一次烦恼的出现，都是一个给我们寻找自己缺点的机会。

孟子不是曾说过这样一句话说："生于忧患，死于安乐。"如果说机遇是上帝的恩赐，那么磨难则是生活的垂青。苦难于天才是一块垫脚石，对于强者则是一笔财富，没有范仲淹的画粥为食，怎么会有"先天下之忧而忧，后天下之乐而乐"的千古绝唱呢？没有欧阳修的荻秆画地，怎么会有"醉翁之意不在酒，在乎山水之间也"的潇洒词句？所以法国作家巴尔扎克说："挫折就像一块石头，对于弱者来说是绊脚石，让你却步不前；而对于强者来说却是垫脚石，使你站得更高。"

痛苦给我们力量

很多童话故事中讲述的都是同样一个主题——主人公为着一个拯救什么，或是为了寻觅宝藏，总之一条主线就是主人公鼓起勇气出征探险。在探险的过程中主人公可能会遭遇到各种惊险甚至妖魔鬼怪，这些遭遇都会给主人公带来不同程度的恐惧和痛苦，但同时也会激发出主人公自己都不知道的潜能来与他所遭遇的这些惊险相抗衡。最终，在这种与恐惧和痛苦的挣扎和抗衡中，主人公发现了自己战胜痛苦的力量。这种力量帮助他找回真正的自信，这种力量更帮助他无论遇到什么样的恐惧和痛苦，都可以无所畏惧、直面人生。

所有的一切你承受的痛苦，都会给意想不到的力量。当你失去亲人时，你会痛苦，但也学会了思考——如何更好珍惜和善待活着的人，当你没有了挚友的关爱时，你会痛苦，也学会了思考——是什么让你没有了值得别人付出信任的动力；当你的生活发生了前所未有的变故时，你会痛苦，也学会了思考——是社会给了你机会还是在惩罚你的无知和贪婪。事实上，痛苦，它丰富了我们的生命，扩大了我们的包容心，也让我们了解了我们可能所不知道的自己，同时更让我们成为真正的自己。

一般来说，成功不能轻易获得，我们需要忍耐等待成功的痛苦煎熬。从某种意义上说，要获得成功，"钢铁般的意志比智慧和博学更重要"（爱因斯坦）。由毛毛虫变成茧，再破茧而出、羽化为蝶，是一个漫长而痛苦的过程。在这个过程中不仅需要奋力抗争，不断挥动翅膀，使之富有飞翔的力量，而且要忍耐在黑暗中长久等待、渴望光明的痛苦煎熬。在痛苦中蜕变，在忍耐中修炼，在煎熬中提升，经过长期的积蓄力量、磨炼心性才能实现自由飞翔的质变，没有对痛苦的深刻体验，就没有破茧而出的内心敞亮；没有对困惑的不断思索，就没有豁然开朗的人生觉悟；没有对煎熬的长久忍耐，就没有永不言败的坚强意志。

逆境让人成长

英国某小镇上，有一对贫困夫妇，生了一对双胞胎，但家庭条件使他们没有能力负担这对双生子。于是这对夫妇发出告示，愿意把一个儿子送给别人抚养。一对年老的百万富翁夫妇，好心地收养了双胞胎中的哥哥。而弟弟则继续留在原来的家中。20年后，哥哥沦为街头的流浪汉，而弟弟却进了英国著名的牛津大学学习深造。原来在这20年中，这对双胞胎兄弟过着完全不同的生活。哥哥在进入富裕的家庭后，过着所谓的上流社会的生活，被花花世界冲昏了头脑，不思上进。最终，愤怒的富翁老夫妇没有把遗产给他，而他又毫无谋生技能，所以只能流浪街头。弟弟始终过着贫穷、清苦的生活，甚至连最基本的读书都不能完全保障，但在父母的激励下，成功地通过了牛津大学的入学考试。

卢梭曾说过："一只雄鹰在练习飞行时，总是随风而飞，如果遇到危险就转过头来逆风而飞，反而飞得更高。"所以，皮鞭下造就了高尔基。鹰隼经历了折民办的痛楚，才有了搏击长空的力量；梅花经历了寒冬的洗礼，才有了傲雪迎霜的芬芳。别林斯基说过："苦难是人生的第一所大学。"孟子也曾云："天将降大任于斯人也，必先苦其心志，劳其筋骨，饿其体肤，空乏其身，委拂乱其所为，所以动心忍性，曾益其所不能。"只有在逆境中前行，化阻碍为动力，生命才会精彩。

贫穷不是借口

　　遇见她是在一次笔会上，她穿了件白底蓝花旗袍，婉约如一首宋词，举手投足间透着清雅之气。随后的两天，我发现吃自助餐时，很多人盘里堆很多，结果又吃不完，而她从不浪费一米一菜，还似乎很喜欢吃苦瓜。

　　面对众多美味佳肴，她为什么独恋苦滋味？同在一张桌上就餐的我，跟她渐渐熟络起来，趁着聊兴正浓，抛出心底的疑惑。她盈盈一笑，讲起一段往事。

　　她出身于贫寒的农家，为了供她上学，父母节衣缩食。可是，自从到了一所重点高中，她心里有说不出的失落。别的同学吃的穿的样样好，只有她衣着陈旧，甚至为了省钱，每顿都买最便宜的菜。

　　同学们议论的时尚话题，她一句也插不上嘴，那些对她来说太遥远。她成绩平平，很少有人注意到她。她觉得自己像流落到一座孤岛上，四周是漫无边际的寂寞，渐渐消磨去她的信心。

　　到了高二那年，她以为日子仍会流水般静静淌过。有一天，新来的语文老师说，有位同学的作文，写得实在是好。他大声诵读，没想到是她的文章。第一次得到这样的夸奖，她低着头，笑意一点点漾开。

这以后，老师经常在课堂上读她的作文。他还跟别的班的老师说，我们班有位女生文章写得飘逸，有灵气，能写出那些词句的学生，很不简单呢。

老师不知道的是，每到周末，同学们都出去玩了，她独自到校阅览室看书。在孤单的日子里，读书，成了她唯一的快乐。她沉醉在自己的世界里，莲一般的心事，洇开在纸页上。

不久，老师发现每到单元测验，她的成绩并不理想。她清瘦的脸庞，漫不经心的眼神，让老师心里五味杂陈，觉得应该跟她谈一谈。

她来到老师宿舍，神情拘谨，双手紧张得不知该放哪里好。老师笑吟吟地说，我炒了几个菜，咱们一起吃顿饭。菜很快端上了桌，豉汁拌苦瓜、苦瓜炒鸡蛋……

老师热情地招呼她，吃菜吃菜。她伸出筷子，夹起菜，闻起来香香的，吃起来微苦。老师说你吃得惯吗？她说，这在乡下是家常菜，可清热解暑。

老师意味深长地说，苦瓜虽苦，却是一道好菜。生活原本也如此，要学会苦中作乐，以苦为乐，苦是人生的良药。她怔住了，低头思索着。老师接着说，你冰雪聪明，老师相信你会很出色……老师的话，句句敲在她心上，她的脸红了。

从那以后，她把全部心思用到学习上，成绩有了很大提高。那年高考，她顺利地考上了一所外地的大学。跟随通知书一起到的，还有一封信和汇款单。信是老师写的，他说，祝贺你考上大学，并获得了助学金。

她走进了大学的校门，书本如张着白帆的船，带她遨游知识的海洋。大学毕业后，她在城里找了份工作，并利用业余时间写作，成了小有名气的作家。再后来她结婚成家，日子过得活色生香。

时隔二十余年，在一次同学聚会上，她又见到了老师，说出藏在心里的话：谢谢老师对我的鼓励，此外，我还要感谢母校，给我发放了助学金。

老师脸上浮起温和的笑容，有同学忍不住说：哪有什么助学金，老师把自己积攒的钱拿了出来，同学们知道后，也都或多或少捐了些。

望着一张张亲切的面孔，她心里溢满了感动，朝着大家弯下了腰，深深地鞠了一躬。片刻后，周围响起如雷的掌声。

我们无法选择出身，但绝不要因为贫穷，而甘于平庸，失去乐观向上的心。当你把贫穷当做一种砥砺，它不再是心灵的包袱，将化成坚强的动力，引领你更好地追求尊严和幸福，拥有绚丽多彩的人生。